深度学习商业应用开发指南

——从对话机器人到医疗图像处理

Armando Vieira
Bernardete Ribeiro 编著
张向东　江超　译

北京航空航天大学出版社

图书在版编目(CIP)数据

深度学习商业应用开发指南：从对话机器人到医疗图像处理 /（瑞典）阿曼多·维埃拉,（葡）伯纳德·里贝罗编著；张向东，江超译. -- 北京：北京航空航天大学出版社，2019.7

书名原文：Introduction to Deep Learning Business Applications for Developers：From Conversational Bots in Customer Service to Medical Image Processing

ISBN 978-7-5124-3039-6

Ⅰ. ①深… Ⅱ. ①阿… ②伯… ③张… ④江… Ⅲ. ①机器学习—研究 Ⅳ. ①TP181

中国版本图书馆 CIP 数据核字(2019)第 138935 号

深度学习商业应用开发指南——从对话机器人到医疗图像处理

Armando Vieira
Bernardete Ribeiro 编著

张向东 江 超 译

责任编辑 杨 昕

*

北京航空航天大学出版社出版发行

北京市海淀区学院路 37 号(邮编 100191) http://www.buaapress.com.cn

发行部电话:(010)82317024 传真:(010)82328026

读者信箱: copyrights@buaacm.com.cn 邮购电话:(010)82316936

涿州市新华印刷有限公司印装 各地书店经销

*

开本:710×1 000 1/16 印张:15 字数:311 千字

2019 年 8 月第 1 版 2019 年 8 月第 1 次印刷

ISBN 978-7-5124-3039-6 定价:59.00 元

若本书有倒页、脱页、缺页等印装质量问题，请与本社发行部联系调换。联系电话:(010)82317024

First published in English under the title
Introduction to Deep Learning Business Applications for Developers: From Conversational Bots in Customer Service to Medical Image Processing
by Armando Vieira and Bernardete Ribeiro

北京市版权局著作权合同登记号 图字:01-2018-7320 号

译者序

1992年离开清华园，也离开了当时很有产业应用前景的通信行业，进入了语音识别这个前沿研究领域，没考虑太多的就业前景，因为那时没听说过互联网，更别说人工智能产业了，只是觉得语音识别更有趣，在智力上的挑战也更大。

27年后，刚刚在一家国内上市公司完成一个"人工智能、机器换人"项目后，就辞去这家上市公司的创新研究院院长职位，加入一家"人工智能＋音乐教育"的创业公司。回顾这些年的所见所闻，感慨万千。

刚开始，语音识别和图像处理是两个不同的行当，模式识别和专家系统也是相距比较远的门类，那时很少有人把它们统称为人工智能，因为实在太难了，每个细分行当的工具差别都很大，很少有人能同时精通这几个门类。经历了近60年艰苦跋涉后，很多"AI人才"转行进入互联网、基因测序和电子产品研发领域。2012年后，深度神经网络技术借助GPU和互联网大数据，在语音识别和图像识别等领域首度超越了人的识别能力，人工智能产业的革命真正到来了！

常常有人问我："有了人工智能会怎样？"我建议他这样思考："在1900年，人们会问有了电会怎样？站在21世纪的你该怎样回答？"20世纪这一百年最重要的技术要素是电，人们现在不会再大规模从事"洗衣工"这样的职业。因为有了电，无论是黄昏还是黑夜，人们都可以工作、学习、娱乐，产生了不计其数的新职业，生活品质大大提升。

21世纪的最大技术要素无疑是人工智能，生产线工人、司机或物流人员、保安等职业将逐渐消失，就像100年前的洗衣工人，同时又有难以置信的无数新行业被"发明"出来，21世纪末生活的精彩程度是现在难以想象的。

无论你现在有什么技能，从事什么行业，在21世纪的生存发展都要求你具备"人工智能场景思维"——在各个场景里，人工智能做什么，人做什么，如何分工配合。这就是我们选择翻译推出这本《深度学习商业应用开发指南——从对话机器人到医疗图像处理》的原因。本书涉及的场景包括图像分割、图像识别、图像标题、视觉问答、视频分析、卫星图像处理、知识图谱、自然语言翻译、多模态学习、语音识别、机器人控制、自动驾驶、对话机器人、电子商务推荐算法、棋类游戏、电子游戏、图画风格转化、音乐处理、信用卡防诈骗、金融预测、医疗图像识别、新药发现、法务、数据中心管理等几十种应用。围绕这些应用场景，对具体的算法和技术也做了详细讨论。

本书适合各级各类企业管理者、产品经理、软硬件工程师、测试人员阅读，也适合人工智能培训班、大学生创新创业实战训练、研究生课题演练、程序员实力提升使用。

本书的出版得益于北京航空航天大学出版社的推荐以及北航软件学院研究生邱国庆、李文意的辛勤付出，在此一并表示感谢。

由于人工智能是近年来快速发展、迭代演变的领域，对于一些术语也有不同的译法，我们尽量多方考证，选用在国内最为普遍使用的术语。

两位译者对全书做了三遍审读，尽管如此，错误仍会在所难免，如果读者发现错误或不妥之处，可以给我们发邮件，我们将在再版时修订，感谢您的参与和指正。

衷心祝愿您能拥抱人工智能时代，具备人工智能场景思维，更好地服务他人，为社会创造更多财富，也让您和您的家人拥有更美好的未来。

译　者

2018 年 6 月于苏州科技城

译者邮箱：1589492540@qq.com 或 speech99@gmail.com。

致我的家人。

——伯纳德·里贝罗(Bernardete Ribeiro)

关于作者

阿曼多·维埃拉(Armando Vieira)于1997年在葡萄牙科英布拉大学(University of Coimbra)获得物理学博士学位,然后开始从事人工神经网络研究工作。他于2003年率先开展了深度神经网络研究,目前在从事图像处理、药物研发、信用评分及风险分析的公司和初创团队中担任高级数据科学顾问。他曾参与了许多与人工智能相关的商业活动,并且是Alea.ai的创始人。读者可以在http://armando.lidinwise.com上找到更多关于他的信息。

伯纳德·里贝罗(Bernardete Ribeiro)是葡萄牙科英布拉大学(University of Coimbra)的教授,主要教授编程、模式识别、商业智能和其他相关课程。她获得了科英布拉大学信息学工程(CISUC)博士学位,并且是CISUC的特许教授。同时,她还担任CISUC信息与系统中心的主任。她的主要研究方向包括机器学习、模式识别、金融工程、文本分类和信号处理,及其在相关领域的广泛应用。她是科英布拉大学人工神经网络实验室(LARN)的创始人,并且担任该实验室主任超过20年。伯纳德不但是葡萄牙模式识别协会(APRP)的主席,而且还是国际模式识别协会(IAPR)理事会的成员。

关于技术评审人

乔乔·姆拉伊(Jojo Moolayil)是一位具有五年以上人工智能、深度学习、机器学习和决策科学工业应用经验的专业人士。他是*Smarter Decisions：The Intersection of IoT and Decision Science*(《物联网和决策科学的交叉》)的作者，与多个数据科学、机器学习领域具有较高影响力的行业领导者开展了跨行业的合作。目前其就职于通用电气公司(GE)，生活在有印度硅谷之称的班加罗尔。

乔乔出生于印度浦那(Pune)，并在那里长大，毕业于浦那大学(University of Pune)，主修信息技术工程。他的职业生涯始于世界上最大的数据分析公司 Mu Sigma Inc.，为世界 50 强客户提供专业的数据分析服务。乔乔·姆拉伊作为早期物联网分析的参与者，不仅将其在决策科学的知识和经验应用于问题的解决和架构的搭建上，还从数据决策科学和物联网分析的应用中获取了更多的知识和经验。

为了巩固他的数据科学研究在工业物联网应用方面的基础，扩大他在解决实验方面的影响(实验以解决问题为目的)，他加入了名为 Flutura 的物联网分析初创公司，该公司的基地位于班加罗尔，总部位于加州硅谷。在与 Flutura 的短暂合作后，乔乔继续与通用电气公司在工业物联网领域进行合作，专注于解决工业物联网的决策问题。乔乔在通用电气公司的另一部分工作是为工业物联网开发数据科学和决策科学的产品和平台。

乔乔除了撰写有关决策科学和物联网方面的书籍外，还是 Apress 和 Packt 出版社出版的各种学习、深度学习和商业分析等方面书籍的技术评审员。他是一位活跃的数据科学导师，并在 www.jojomoolayil.com/web/blog/上开设了博客。读者可以通过 https://www.linkedin.com/in/jojo62000 与他联系。

关于技术评审人

致　　谢

感谢所有为本书做出贡献的人们，感谢他们的帮助、支持和建议。特别感谢来自 ContextVision AB 公司的马丁·赫德伦德和迈克尔·罗森（Mikael Rousson）的支持和鼓励，正是基于他们鼓舞人心的谈话，才有了此书的写作和出版。

还要感谢科英布拉大学信息与系统中心（CISUC）以及科英布拉大学信息工程系和科学技术学院，他们为本书的写作提供了大量的资源和大力的支持。

还要感谢尼尔·洛佩兹（Noel Lopes），他审阅了本书多核处理的相关部分；并感谢本杰明·阿弗斯（Benjamin Auffarth）仔细阅读了手稿并提出了相关修改建议。

特别感谢 Springer 出版社的两位编辑塞莱斯廷·约翰（Celestin John）和迪夫亚·莫迪（Divya Modi），感谢他们的鼓励。

最后，感谢我们的家人和朋友的爱和支持。

阿曼多·维埃拉（Armando Vieira）

伯纳德·里贝罗（Bernardete Ribeiro）

2018 年 2 月于科英布拉，葡萄牙

序　言

深度学习已经风靡人工智能领域,几乎渗透到各个商业应用当中。由于现在几乎所有内容和交易都以数字格式记录,因此可通过机器学习算法研究大量数据。然而,通过传统的机器学习技术很难探索这种所谓的大数据中出现的错综复杂的关系,对于诸如图像、语音和文本之类的非结构化数据,尤其困难。

深度学习算法具有非常强的学习能力,可以应对分析巨大数据流的挑战。此外,深度神经网络相对于其他人工智能技术,需要很少(如果有的话)的特征工程,就可以从头到尾进行训练。深度学习算法的另一个优点是仅需要很少的监督架构(换句话说,这些架构可以自动从数据中学习,几乎不需要人为干预)。这些架构是弱监督学习,即所谓“无监督”。最后,深度学习可以当作生成过程进行训练,其算法不是将输入映射到输出,而是学习如何从纯噪声(即生成对抗网络)生成输入和输出。想象一下,从几百个随机数组合中,生成梵高的画作、汽车,甚至是人脸。这是多么神奇的事情!

谷歌语言翻译服务、Alexa 语音识别和自动驾驶汽车均采用深度学习算法。其他相关领域也严重依赖深度学习算法,例如语音合成、新药研发及面部识别等。即使在创意领域,如音乐、绘画和写作,也开始被这项技术所颠覆。事实上,深度学习算法在经济上创造出了深刻的转型升级,这可能引发人类所见的最大变革之一。

由于免费、强大的计算框架和 API(如 Keras 和 TensorFlow)的传播,运行模型的廉价云服务以及数据的便捷可用性,任何人都可以在几小时内在家中运行深度学习模型。这种“平民化”就解释了为什么对深度学习感兴趣的人数呈爆炸性增长,以及在开放格式 Arxiv 和 NIPS 等专业顶级会议上呈现的众多突破的原因。

本书巧妙地通过抽象数学技能探索各种深度学习算法,讲解了计算机视觉、自然语言处理、强化学习和无监督深度学习等深度学习领域的具体商业应用的案例。读者可以通过深入理解业务应用程序,了解有关各个领域未来发展的应用示例。

本书简要介绍了整个深度学习领域的最新算法,其主要目的为使算法更为实用:解释和说明在几个应用领域中使用的一些重要的深度学习算法,特别是对核心业务有重大影响的深度学习算法。本书面向中高级专业人员以及对机器学习有基本了解的入门级专业人员,以及那些想要了解深度学习并将其用于开发商务应用的人,旨在为从业人员提供实用有效的实施方法。书中过滤掉了令人无所适从的统计学和线性代数推导,为读者提供了如何为商业模式制作简单动手工具的方法和技巧。

本书首先介绍了深度学习架构,并给出了简要历史背景。接下来介绍了深度学习的最先进实例,与传统的机器学习算法相比,其具有更好的应用前景。书中涵盖了推荐系统和自然语言处理的应用,包括能够捕捉语言翻译模型丰富性的递归神经网络(RNN)。最后介绍了深度学习模型在金融风险评估、控制和机器人技术及图像识别中的应用。在书中,你可以了解到其产品中采用该技术的关键公司和初创公司,还可以找到有用的链接以及一些关于如何使用 Keras 和 Python 中的一些实际的代码示例和训练深度学习模型的示例、技巧和见解。

目　　录

第一部分　背景和基础知识

第三部分　深度学习:商务应用

第四部分　机遇与展望

第一部分
背景和基础知识

第1章 绪 论

本章概括性介绍了全书内容，包括目标和受众，人工智能（AI，Artificial Intelligence）为何如此重要，以及如何使用AI。

教计算机从经验中学习并理解世界是人工智能的目标。尽管人们并不完全理解大脑是如何获得这一卓越成就的，但人们普遍认为人工智能应该依赖于弱监督学习，从世界产生层级抽象概念。就像婴儿慢慢认识世界那样，用最少的监督学习算法，并进行算法开发来认知世界似乎是创建真正的通用人工智能（GAI，General Artificial Intelligence）的关键[GBC16]。

人工智能是一个相对较新的研究领域（始于20世纪50年代），取得了一些成就，也遭遇了许多失败。在第一台电子计算机问世不久，人们对它的热情就消失了，因为人们意识到大脑在眨眼之间解决的大多数问题实际上很难被机器解决。这些问题包括在不受控制环境中的运动、语言翻译及语音和图像识别。尽管有很多尝试，但是解决复杂数学方程，甚至证明定理的传统方法（基于规则和描述）都不足以解决2岁蹒跚学步的儿童都觉得简单的事情，例如理解基本的语言，这是机器做不到的。这个事实导致了人工智能经历了漫长的寒冬，其中有很多研究人员放弃了去创造具有人类认知能力的机器，尽管期间已经取得了一些成功，例如IBM计算机“深蓝”成为世界上最好的国际象棋选手，20世纪80年代后期用于手写数字识别的神经网络应用等。

人工智能是当今最激动人心的研究领域之一，它具有丰富的实际应用，包括自动驾驶汽车、新药物的发明、机器人、语言翻译和游戏等。十年前似乎无法攻克的难题如今已经得到解决，有时甚至拥有了“超人般的精确性”，现在已经出现在产品中并得到了应用。例如语音识别、导航系统、面部情感检测，甚至艺术创作（如音乐和绘画等)。这是人类有史以来的第一次,人工智能正离开研究型的实验室,物化于产品中,然而这些以往只能出现在科幻电影中。

在如此短的时间内,这场变革是如何实现的?近年来发生了哪些变化使我们更接近GAI的梦想?答案是逐步改进的算法和硬件这两个方面,而不是某方面单一的突破。毋庸置疑的是,被称为深度学习(DL,Deep Learning)的深度神经网络(DNN,Deep Neural Network)显然起到了极其关键的作用[J15]。

1.1 范围和动机

计算能力、大数据和物联网的进步正在推动技术的重大转型升级,并为所有行业的生产力提供动力。

通过本书中的示例,读者将探索深度学习算法相对于其他传统(浅层)机器学习算法(例如基于内容的推荐算法和自然语言处理算法)的优势;学习Word2vec、skip-thought vectors和Item2Vec等技术;通过学习嵌入式语言翻译模型练习使用长短期记忆(LSTM,Long Short-Term Memory)网络单元和Sequence2 Sequence模型。

深度学习算法的一个关键特性是能够以最少的监督学习大量数据,这与通常需要较少(标记)数据的浅层模型不同。本书将探索一些示例,例如使用完全卷积神经网络(FCNN,Fully convolutional neural network)和残差神经网络(ResNet,Residual Nerual Network)进行视频预测和图像分割,这个应用已经在ImageNet图像识别竞赛中取得了最佳的性能。同时,通过这些技术的应用,读者还将学习到更多的图像识别技术和认识到一些活跃的初创公司。

由于深度学习支持的AI在行业中的影响越来越大,并且已经动摇了许多行业的基础,因而它有可能是互联网之后最大的转型升级力量。

本书将介绍用于财务风险评估的深度学习模型的应用(通过深度置信网络评估信用风险和使用变分自动编码器的选项优化),探讨深度学习在控制和机器人方面的应用,使人们了解DeepQ学习算法(用于在围棋中击败人类)和用于强化学习的演员评论(Actor-Critic Methods)方法。

本书讲解了一组最新且功能强大的算法,称为生成性对抗神经网络(GAN,Generative Adversarial Neural network),包括dcGAN、条件GAN和pixel2pixel GAN。这些对于图像转换、图像着色和图像完成等任务非常有效。

同时,本书还将带领读者了解深度学习业务中的一些重要发现和影响,以及采用该技术的主要公司和初创公司。最后,本书将介绍一些训练深度学习模型的框架、关键方法和微调模型的技巧。

书中的实操编码示例是在Keras中,使用Python 3.6完成的。

1.2 深度学习领域的挑战

机器学习，特别是深度学习，正在迅速扩展到几乎所有商业领域。众所周知，深度学习是语音识别、图像处理和自然语言处理应用背后的核心技术，但是深度学习仍然面临着一些挑战。

首先，深度学习算法需要大量数据集来进行训练。例如，语音识别需要收集来自多种方言或语言统计的数据。深度神经网络可能有数百万甚至数十亿的参数，而训练过程可能是一个耗时的过程，有时甚至在高性能的机器上，也需要几周的时间才能完成训练。

超参数优化（网络的大小、体系结构、学习速率等）也是一项艰巨的任务。深度学习还需要高性能的硬件来支撑如此大数据的训练，例如计算机需要具有高性能的GPU和至少12 Gb的内存。

最后，神经网络基本上是黑盒子，其中很多因素还很难解释。

1.3 目标受众

本书是为学者、数据科学家、数据工程师、研究人员、企业家和业务开发人员编写的。通过阅读，将学习到以下内容：

- 什么是深度学习，为什么它如此强大；
- 有哪些主要算法可用于训练深度学习模型；
- 在应用深度学习方面取得了哪些重大突破；
- 使用哪些深度学习库可以实现实例，以及如何运行简单示例；
- 深度学习在商业和初创公司中的主要影响领域。

本书在介绍基础知识的同时，也提供了一些实用技巧，来涵盖与业务应用程序相关的实践项目所需的知识。本书还从务实的角度介绍了深度学习的最新发展，从表象中提取实质，并提供了如何在具体的商业场景下运用深度学习的具体实例。

1.4 本书结构

本书分为4个部分：

第1部分，包含有关深度学习和最重要的网络架构的介绍和基本概念，从卷积神经网络（CNN，Convolutional Neural Network）到长短期记忆（LSTM）网络。

第2部分，包含核心深度学习应用程序，例如，图像和视频、自然语言处理和语音及强化学习和机器人技术。

第 3 部分,探讨了深度学习的其他应用,包括推荐系统、会话机器人、反欺诈系统和自动驾驶汽车。

第 4 部分,介绍了深度学习技术的商业影响、新研究和未来机遇。

全书共 11 章,每一章的编写和内容安排,都是为了使读者能更加轻松地学习和明白深度学习。此外,本书还包括许多插图和代码示例,以阐明这些概念,使读者阅读更加方便。

第 2 章 深度学习概述

人工神经网络并不新鲜，它们已经存在了大约 50 年，并在 20 世纪 80 年代中期之后引入了一种允许训练多层神经网络的方法(反向传播)，从而获得了一些实际的认可。然而，深度学习的真正诞生可以追溯到 2006 年，当时 Geoffrey Hinton(杰弗里·辛顿)[GR06]提出了一种算法，以非监督的方式有效地训练深度神经网络(换句话说，也就是没有标签的数据)。它们被称为深度信念网络(DBN，Deep Belief Network)，由堆叠的限制性玻耳兹曼机器(RBM，Restrictive Boltzmann Machine)组成，每个机器都置于另一个机器的顶部。与以前的网络不同，DBN 能够在没有任何监督的情况下学习数据所呈现的统计特性的生成模型。

受大脑深度结构的启发，深度学习体系结构已经彻底改变了数据分析的方法。深度学习网络已经赢得了大量的高难度机器学习竞赛，从语音识别[AAB+15]到图像分类[AIG12]到自然语言处理(NLP，Natural Language Processing)[ZCSG16]到时间序列预测，在这些竞赛中的取胜有时具有很大的优势。传统上，人工智能依赖于大量手工调整的特征。例如，为了在图像分类中获得良好的效果，需要应用一些预处理技术，如滤波器、边缘检测等。DL 的好处在于，如果有足够的(有时是百万)训练数据样本，那么大多数(如果不是全部)功能都可以从数据中自动学习。深层模型在每一层(层次)都有特征检测单元，从原始输入信号中逐渐提取出更复杂和不变的特征。较低层的目标是提取简单的特征，然后将这些特征聚集到较高的层中，从而检测更复杂的特征。相比之下，浅层模型(具有神经网络(NN，Neuaral Network)或支持向量机(SVM，Support Vector Machine)等两层的模型)只呈现很少的层，它们将原始输入特征映射到特定问题的特征空间中。图 2-1 显示了深度学习和机器学习(ML，

Machine Learning)模型在性能与构建模型的数据量方面的对比。

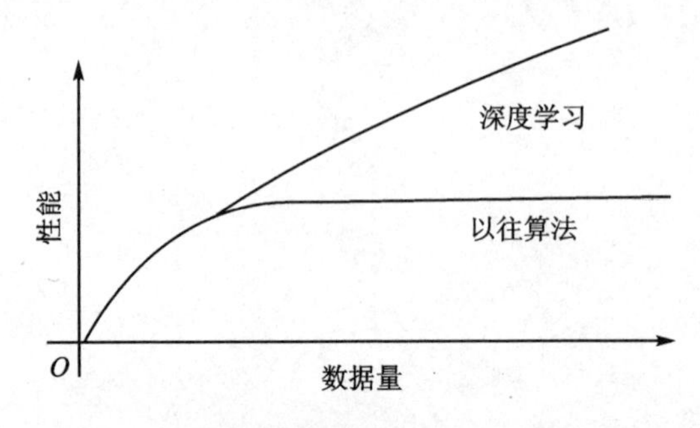

图 2-1 深度学习模型有更高的学习能力

深度神经结构可以比浅层神经结构更具效率,非常适合在结构化或非结构化数据中进行监督和无监督学习。由于每个元素使用示例来学习该体系结构,因此可承受的计算元素的数量仅受训练样本的数量的限制,可达数十亿的量级。深度模型可以经过数亿次训练,因此比 SVM 等浅层模型更优秀。此外,理论结果表明,深层体系结构是学习表示高级抽象(例如,视觉、语言、语义)的复杂函数的基础,其特征在于以非线性方式相互作用的许多变异因素,使得学习过程变得困难。

2.1 冬去春来

今天很难找到任何不依赖于深度学习的 AI 技术。事实上,DL 在人工智能技术应用中的意义将是如此深远,以至于我们可能处于有史以来最大的技术革命的起始点。

DL 神经网络的一个显著特征是只要应用强正则化,就能几乎无限容纳来自大量数据的信息而不会过度拟合。DL 既是一门科学又是一门艺术,虽然在数百万个训练样例中训练具有数十亿参数的模型是很常见的,但这只有通过仔细选择和微调学习机及复杂的硬件才有可能实现。图 2-2 显示了过去十多年来机器学习、模式识别和深度学习的趋势。

深度神经网络(DNN)的主要特征如下:

- 强学习能力:由于 DNN 具有数百万个参数,因此不容易饱和,拥有的数据越多,学到的就越多。
- 无需特征工程:学习可以从头到尾进行,无论是机器人控制、语言翻译还是图像识别。
- 抽象表示:DNN 能够从数据生成抽象概念。
- 强生成能力:DNN 不仅仅是简单的判别机器,它们可以基于潜在的表示生成

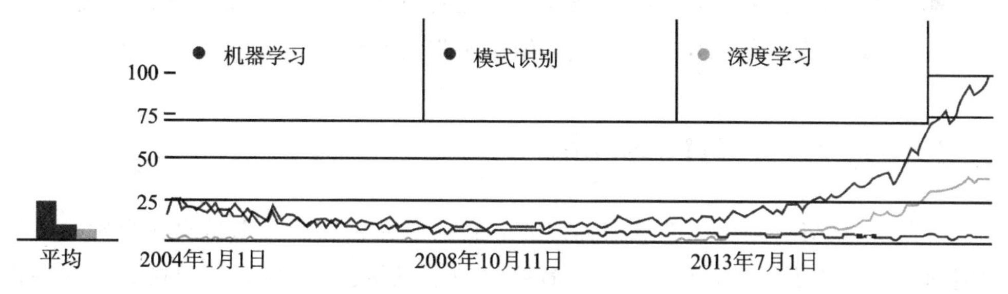

图 2-2 深度学习兴趣的演变

（来源：谷歌趋势）

看不见但可信的数据。

- 知识转移：是深度神经网络最显著的特性之一，你可以在一组大量数据（如图像、音乐或生物医学数据）中教机器，并将学习转移到类似的问题，其中较少的不同类型的数据是已知的。其中一个最引人注目的例子是 DNN，它能够捕捉和复制艺术风格。
- 出色的无监督功能：只要你拥有大量数据，DNN 就可以学习隐藏的统计表示，而无需任何标签。
- 多模式学习：DNN 可以无缝集成不同的高维数据源，如文本、图像、视频和音频，以解决自动视频字幕生成和视觉问答等难题。
- 它们相对容易组合和嵌入领域知识，或先验处理不确定性和约束学习。

下面是 DNN 模型不太吸引人的方面①：

- 它们很难解释，尽管能够从数据中提取潜在特征，但 DNN 是通过关联和共现来学习的黑盒子。它们缺乏其他方法的透明度和可解释性，例如决策树。
- 它们只能部分地发现复杂的因果关系或嵌套的结构关系，这在生物学等领域很常见。
- 训练它们可能相对复杂和耗时，许多超参数需要仔细微调。
- 它们对初始化和学习速率很敏感。网络很容易变得不稳定而且不会融合，这对于复发性神经网络和生成性对抗网络尤其严重。
- 必须定义损失函数，尽管有时候很难找到一个好的。
- 学习可能不会以增量方式累积。对于每个新数据集，必须从头开始训练网络，这被称为学习持久性问题。
- 迁移学习对于某些模型是可能的，但并不总是显而易见的。
- 如果 DNN 具有巨大的容量，它们可以轻松记住训练数据。

① 注：关于这些问题，请注意这是一个活跃的研究领域，其中有许多困难正在得到解决，一些是可解决的，而另一些（例如缺乏可解释性）可能永远不会解决。

- 有时它们很容易被愚弄，例如，自信地对有较多噪声的图像进行分类（译者注：其实噪声不应该分为该类），缺乏常识判断能力。

2.2 为什么 DL 不同

机器学习（ML）是一个有点模糊但并非新的研究领域。特别是模式识别是人工智能的一个小的子领域，可以用一个简单的句子概括：在数据中找到模式。这些模式可以是股票市场的历史周期或是区分猫与狗图像的任何模式。ML 也可以被描述为教机器如何做出决定的艺术。

那么，为什么所有关于人工智能的兴奋点都源于深度学习呢？如上所述，DL 既是定量的（语音识别中 5%的改进使得一个很棒的个人助理和无用的助手之间完全不同），又是定性的（如何训练 DL 模型，从高维数据中提取微妙关系，如何将这些关系整合到一个统一的视角中），而且，在解决几个难题方面取得了实际成功。

如图 2-3 所示，让我们考虑经典的鸢尾花问题：如何在 150 个观察数据集上基于 4 个测量指标（输入）区分 3 种不同类型的品种（输出），具体来说是 150 个花瓣和萼片的宽度和长度的观察数据。简单的描述性分析将立即告知用户不同测量指标的有用性。即使使用朴素贝叶斯（Naïve Bayes）分类器等基本方法，也可以构建一个具有良好准确性的简单分类器。

图 2-3 Naïve Bayes（朴素贝叶斯）的鸢尾花图像和分类

（来源：http://sebastianraschka.com/Articles/2014_intro_supervised_learning.html）

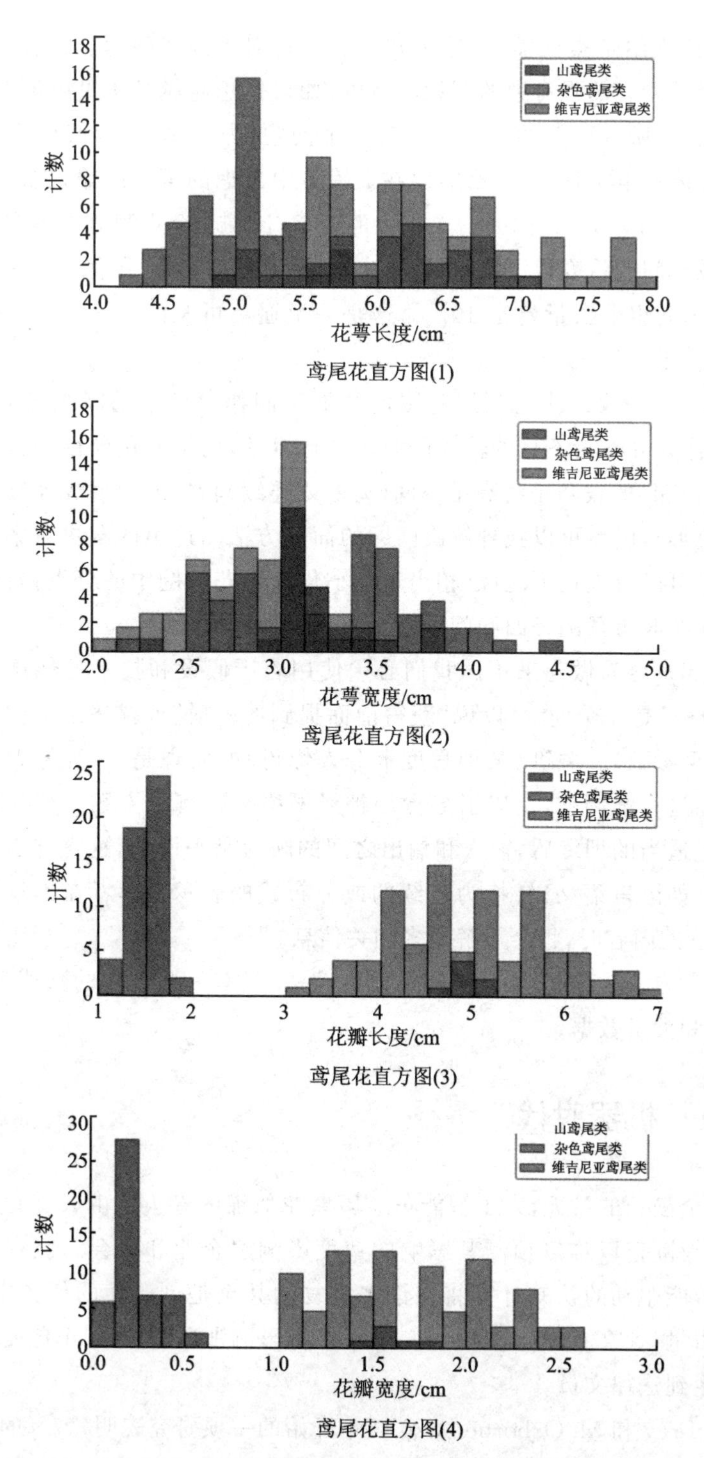

图 2－3　Naïve Bayes(朴素贝叶斯)的鸢尾花图像和分类(续)

(来源:http://sebastianraschka.com/Articles/2014_intro_supervised_learning.html)

该方法假设给定类的输入(输出)独立,并且对于许多问题非常有效,最重要的是,这是一个很少有的强有力的假设。所以,如果你想超越朴素贝叶斯分类器,则需要探索输入之间所有可能的关系。但有一个问题,为简单起见,假设为每个输入提供了10种可能的电平信号,那么需要在训练集中考虑的可能的输入组合数量(观测数量)将是 $10^4=10\ 000$ 。这是一个很大的数字,比150个观测值大得多。但随着输入数量的增加,问题将变得更糟(指数更大)。对于图像,每个图像可以有1 000(或更多)个像素,因此组合数量将是 $10^{1\ 000}$,这是一个遥不可及的数字——宇宙中的原子数都小于 10^{100}!

因此,DL的一大挑战是利用有限的数据集制作易处理的高维度问题(例如语言、声音、图像),并在看不见的输入区域上进行概括,而不使用硬性的方法探索所有可能的组合。DL的技巧是将高维空间(离散或连续)转换或映射成连续的低维空间(有时称为流形),由此可以找到解决问题的简单方法。这里的解决方案通常意味着优化功能,它可以最大化可能性(相当于最小化鸢尾花问题中的分类错误)或最小化均方误差(如在股市预测等回归问题)。

但是说起来容易做起来难。我们必须使用若干假设和技术近似这个艰难的推理问题(推理只是一个词,可以说“获得前面提到的映射”或描述最大似然函数的后验分布的模型参数)。关键(某种程度上令人惊讶)的发现是,一种称为梯度下降的简单算法,经过仔细调整,足以引导深层神经网络获得解决方案。神经网络的优点之一是,经过适当的训练后,输入和输出之间的映射是平滑的,这意味着可以将一个离散的问题(如语言语义)转换为连续的或分布式的表示。读者在本章后面阅读有关Word2vec的内容时,将会了解更多相关信息。

这种映射方法是深度学习的秘诀,没有魔法,只有一些著名的数值算法,以及强大的计算机和大量数据。

2.2.1 机器时代

经过一个漫长的冬天,人工智能正经历繁花似锦的春天。由人工智能推动的快速技术创新浪潮正以难以预测其影响的速度影响着企业和社会。但有一点是肯定的:由人工智能驱动的认知计算将在许多重复的甚至是创造性的任务中赋予(有时取代)人类力量,社会将发生深刻的变革。它将影响那些似乎不可能实现自动化的工作,从医生到法律文员。

Carl B. Frey和M. Osborne从2013年开始的一项研究表明,47%的美国就业机会在不久的将来有被替换的危险。此外,在2015年4月,麦肯锡全球研究所发表了一篇文章,指出人工智能正在以10倍于工业革命速度和300倍于工业革命规模(或大约3 000倍于工业革命的影响)的速度改变社会。

我们可以尝试建立一个关闭按钮或硬编码的规则,以防止机器对人类造成任何伤害。问题是,这些机器是自己学习的,并不是硬编码的。此外,即使有一种方法可以建立这样一个"安全出口",怎么会有人为一个机器编制伦理?顺便问一句,人类自己可以在伦理上达成一致吗?

我们的观点是,由于人工智能赋予机器超人的认知能力,这些恐惧不应被轻视。目前,世界末日只是一个幻想,但我们最终将面临机器不再是确定性设备的两难境地(https://www.youtube.com/watch? v=nDQztSTMnd8)。

将伦理纳入机器的唯一方法与人类相同:通过冗长而一致的教育。问题是机器不像人类。例如,你如何向非生命实体解释"饥饿"或"死亡"的概念?

最后,人工智能很难量化,但肯定会对社会产生巨大影响。在某种程度上,正像Elon Musk(埃隆·马斯克)和Stephen Hawking(斯蒂芬·霍金)所担心的,我们自己的存在处于危险之中。

2.2.2 对DL的一些批评

有人批评DL是一种蛮力方法。我们认为这种说法没有依据。训练DL算法确实需要很多样本(例如,对于图像分类,卷积神经网络可能需要数十万个带注释的例子),主要是图像识别,人们认为很简单,但实际上却很复杂。此外,DNN是有效的通用计算方法。

另一个批评是网络无法重复利用累积的学习能力将其快速扩展到其他领域(所谓的知识迁移、可组合性和零样本学习),这是人类做得非常好的事情。例如,如果你知道自行车是什么,那么你几乎可以立即理解摩托车的概念,而不需要看到数以百万计的例子。

一个常见的问题是这些网络是黑盒子,因此人们不可能理解他们的预测。但是,有几种方法可以解释此类问题,如最近的文献 *PatternNet and PatternLRP:Improving the interpretability of neural networks* (https://arxiv.org/abs/1705.05598)。此外,零样本学习(在看不见的数据中学习)已经成为可能,知识迁移在生物学和艺术中被广泛使用。

这些批评值得思考,但已在最近的方法中得到解决,相关内容可参考文献[LST15]和[GBC16]。

2.3 资　源

本书将从实际出发使读者了解 DL 的相关信息和 DNN 的最新成果；同时还会探索该技术的业务应用和含义。技术细节将保持在最低限度，因此读者可以专注于书中其他重要的内容。以下是一些有助于理解 DL 和 DNN 的资源。

2.3.1 图　书

关于 DL 的一些好书：

- 最近出版的由 Yoshua Bengio（约书亚·本焦）等人撰写的 *Deep Learning*[GBC16] 一书着重强调深度神经网络的理论和统计方面，是 DNN 的最佳和最新的参考。
- Francois Chollet（弗朗索瓦·科莱）的 *Deep Learning with Python*（Manning，2017）由 Keras 的作者撰写，非常适合愿意获得 DL 实践经验的人阅读（https://www.manning.com/books/deep-learning-with-python）。
- 对于有兴趣了解 DL 基础知识的人来说，在线书籍 *Neural Networks and Deep Learning* 也是一个很好的入门资料（http://neuralnetworksanddeeplearning.com）。
- *Fundamentals of Deep Learning*（O' Reilly，2017 出版），进一步说明了人工神经网络和 DL 的基本概念（http://shop.oreilly.com/product/0636920039709.do）。
- *Deep Learning with Python*（2016）是一本使用 Python 库（Keras.io 和 TensorFlow）的实操电子书（http://www.da6nci.com/deep-learning-with-python-tensorflow-pyconsg-2016/）。
- *Deep Learning Mastery* 是一本在线书籍，提供了使用 Keras 的优秀分步教程（http://machinelearningmastery.com/category/deep-learning/）。

2.3.2 简　讯

一些好的简讯和网站：

- jack-clark.net 对深度学习和人工智能进行了很好的每周评论（https://jack-clark.net）。

- Dataelixir. com 是来自网络的精选数据科学新闻和资源的每周简报（https://www. dataelixir. com）。
- 来自 Nathan Benaich 的人工智能新闻、研究、投资和应用的月度评论（https://www. getrevue. co/profile/nathanbenaich）。
- Wildml. com 是一个由 Denny Britz 维护的关于 DL 的教程的好博客，它有一个每周时事通讯（https://www. wildml. com）。
- Data Machina 是关于大数据和机器学习的每周简报（https://www. getrevue. co/profile/datamachina）。
- Exponent View 包含有关基于 AI 的技术及其对社会影响的新闻（https://www. getrevue. co/profile/azeem）。
- Datascienceweekly. org 是机器学习和数据科学相关的最新进度的每周摘要（https://www. datascienceweekly. org）。
- CognitionX 是关于数据科学、人工智能和机器学习的日常简报（https://cognitionx. com/news-briefing/）。

2.3.3 博　客

一些相关的博客：

- 在 Andrew Karpathy（安得烈・卡巴西）的博客上有一些神经网络的实践经验和一些图像处理资源，读者可以从他的博客上获得灵感和一些学习经验。
- KDnuggets 是一个很好的博客，涵盖 ML 和 AI 的各种主题。
- Data Science Central 提供有关 ML 业务影响的有趣帖子，包含每日时事通信。
- CreativeAI. net 是一个出色的博客，展示了人工智能和艺术的融合。
- Arxiv. org 是包括计算机科学在内的许多领域的开放式出版物的最佳存储库。
- Gitxiv. com 是一个博客，结合了 Arxiv 的出版物和 GitHub 上的相应代码。
- Arxiv-sanity. com 是由 A. Karpathy 制作的网站，用于策划 Arxiv 的内容。

2.3.4 在线视频和课程

一些相关的视频和课程：

- Coursera 有一个很好的在线课程，来自 ANN 的祖父 G. Hinton（杰弗里·辛顿）（https://www.coursera.org/learn/neural-networks）。
- 斯坦福大学教授 Andrew Ng 的经典和开创性课程（https://www.coursera.org/learn/machine-learning）。
- Udacity 还有一个关于 Google 深度学习的好课程（https://cn.udacity.com/course/deep-learning--ud730）。
- Re-Work summits 是在伦敦、纽约、旧金山和上海举办的关于人工智能和深度学习的优秀活动（https://www.re-work.co/events/）。
- Data Science Summit（数据科学峰会）组织活动进行高强度的培训，在支持该计划的公司内组织实习（http://datascience-summit.com）。
- General Assembly（会员大会）在世界各地有一些在线课程和训练营（https://generalassemb.ly）。
- Science 2 Data Science（科学到数据科学）是一项强化培训计划，旨在为公司培养数据科技人才（http://www.s2ds.org）。
- Jason Brownlee（杰森·布朗利）有一些优秀的教程和电子书，可了解机器学习，以及在 Python 中使用 Keras 框架部署深度学习模型（https://machinelearningmastery.com）。
- Videolectures.net（视频讲座网）有好的视频内容和讲座，例如来自于 ICML 2015 和 2016 年深度学习暑期学校的视频和课程（https://www.videolectures.net）。
- Ian Goodfellow（伊恩·古德菲尔）有一本关于 GAN 的优秀教程：（http://on-demand.gputechconf.com/gtc/2017/video/s7502-ian-goodfellow-generative-adversarial-networks.mp4）。

2.3.5 播　客

一些相关的播客：

- This Week in Machine Learning and AI 概述了人工智能的最新发展和应用，

始终让听众觉得新颖(https://twimlai.com)。

- Talking Machines(谈机器)是一个播客,每集都有一位嘉宾(http://www.thetalkingmachines.com)。
- Data Skeptic(数据怀疑论者)是一个每周播客,采访经验丰富的数据科学家(https://dataskeptic.com)。
- Learning Machines(学习机器)是一个介绍人工智能和机器学习的站点(http://www.learningmachines101.com)。
- The O'Reilly Data Show Podcast(奥赖利数据秀播客)深入研究大数据、数据科学和人工智能背后的技术(https://www.oreilly.com/topics/oreilly-data-show-podcast)。
- A16Z播客投资机构Andresseen Horowitz(安德森·霍洛维茨,译者注:两个创始人名字的结合)播客上有一些关于数据科学和技术主题的优秀资源(https://a16z.com/podcasts/)。

2.3.6 其他网络资源

一些其他网络资源:

- http://deeplearning.net 深度学习的先驱网站,可以作为学习参考。
- 几个DL领域被引用最多和最重要的论文的列表 https://github.com/terryum/awesome-deep-learning-papers。
- Image Completion with Deep Learning in TensorFlow(基于TensorFlow深度学习的图像实现)是DNN图像完成的一个很好的教程(http://bamos.github.io/2016/08/09/deep-completion/)。
- 用于计算机视觉的DL资源列表 https://github.com/kjw0612/awesome-deep-vision。
- Machine Learning & Deep Learning Tutorials(机器学习与深度学习教程)是一个存储库,其中包含主题明确的机器学习和深度学习教程列表、文章和其他资源(https://github.com/ujjwalkarn/Machine-Learning-Tutorials)。
- Machine Learning Is Fun是Adam Geitgey创建的一个网站,可以用15种以上的语言轻松介绍机器学习(https://medium.com/@ageitgey/machine-learning-is-fun-80ea3ec3c471)。
- Approaching(Almost) Any Machine Learning Problem由Abhishek Thakur

建设，是大多数机器学习管道的真实概述(http://blog.kaggle.com/2016/07/21/approaching-almost-any-machine-learning-problem-abhishek-thakur/)。(译者注：管道是操作系统 Unix 的术语，指工具的组合应用方式)

- Kaggle.com 推出了几项具有挑战性的机器学习竞赛，奖金高达 100 000 美元。除奖金外，还能使真正数据科技工作者产生自豪感(https://www.kaggle.com)。
- Andresseen Horowitz(安德森·霍洛维茨)机构介绍深度学习的演化(https://a16z.com/2016/06/10/ai-deep-learning-machines/)。
- Reddit 站点上的这两个 AMA("Ask Me Anything")非常有助于理解 ANN 背后的历史，由人工智能之父尤尔根·施米德胡贝(Jürgen Schmidhuber)(https://www.reddit.com/r/MachineLearning/comments/2xcyrl/i_am_jürgen_schmidhuber_ama)和杰弗里·辛顿(Geoffrey Hinton)(https://www.reddit.com/r/MachineLearning/comments/2lmo0l/ama_geoffrey_hinton/)讲述。

2.3.7 从一些不错的地方开始学习

试试从下面获得实操经验：

- 使用 Google 协作 Jupyter 笔记本的 Tensorflow 的精彩教程(无需安装代码)(https://www.tensorflow.org/get_started/eager)。
- Awesome TensorFlow 有很多例子可以开始玩 TensorFlow(https://github.com/jtoy/awesome-tensorflow)。
- http://keras.github.com 是一个 Keras 存储库，有几个初学者可以使用 DNN 的例子。
- http://research.baidu.com/warp-ctc/提供开源代码 Deep Speech 2，用于端到端的语音识别和翻译。
- http://playground.tensorflow.org/是 TensorFlow 的游乐场。
- H20.ai 是 R 用户的一个很好的 API，尽管可用的模型非常有限(https://www.h20.ai)。
- 实验，包括针对 Google 进行猜词(https://experiments.withgoogle.com/collection/ai)。
- https://artsexperiments.withgoogle.com 有几个非常有趣的艺术实验

(https://experiments.withgoogle.com/collection/arts-culture)。

- www.creativeai.net 是一个分享创造性 AI 项目的空间，从机器学习、音乐、写作、艺术、时尚到工业设计和建筑等。

2.3.8 会 议

与深度学习相关的 5 个重要的会议：

- NIPS，被认为是最重要的 DL 会议，重点关注理论和实际应用。
- ICML，机器学习国际会议，最负盛名的机器学习会议之一。
- ICLR，国际学习代表大会，是关注深度学习的最新会议。
- KDD，一个广泛认可的机器学习和知识发现的会议。
- IJCNN，一个涵盖广泛的神经网络概念和应用的 IEEE 会议。

2.3.9 其他资源

由 OpenAI 和加州大学伯克利分校共同设立的 Deep RLBootcamp（深度强化学习新兵营）(https://sites.google.com/view/deep-rl-bootcamp/lectures)提供有关强化学习的基础知识以及最先进研究的讲座。

斯坦福的课程 Convolutional Neural Networks for Visual Recognition（视觉卷积神经网络）(https://www.youtube.com/playlist?list=PL3FW7Lu3i5Jv-HM8ljYj-zLfQRF3EO8sYv)和课程 Natural Language Processing with Deep Learning（自然语言处理与深度学习）(https://www.youtube.com/playlist?list=PL3FW7Lu3i5Jsnh1rnUwq_TcylNr7EkRe6)是必备的。

Coursera 有 Deep Learning Specialization（深度学习专栏）(https://www.coursera.org/specializations/deep-learning)，蒙特利尔大学提供 Deep Learning and Reinforcement Summer School（深度学习和强化暑期学校）(http://videolectures.net/deeplearning2017_montreal/)。另外，读者还可查看 2017 年秋季 UC Berkeley's Deep Reinforcement Learning（加州大学伯克利分校的深度学习与强化暑期学校）(http://rail.eecs.berkeley.edu/deeprlcourse/)以及 TensorFlow 开发峰会(https://www.youtube.com/playlist?list=PLOU2XLYxmsIKGc_NBoIhTn2Qhraji53cv)上面有关于 DL 的基础知识和 TensorFlow API 的介绍。

2.3.10 DL 框架

DL 既简捷直观又充满乐趣，你可以从在线提供的许多教程开始，也可以使用几十行代码来训练模型。然而，实际的问题是完全准确地符合现有学术基准测试的范畴的案例是很少的。实际上，训练 DL 模型可能很难并使人充满挫败感，这取决于你要解决的问题，所需的预处理，可用的数据，以及你是否愿意理解学习算法背后的复杂性。它需要大量的贝叶斯统计、图模型、非参数估计、统计推断（确定性，如变分估计 Variational Estimation；或近似，如马尔可夫链蒙特卡罗 Markov chain Monte Carlo）。你不需要全部了解它们，但在成为专家的过程中会遇到这些概念。

关于 DL 研究的一个显著特点是，大多数工作（论文、数据，甚至代码）都是开源的，无论是来自学术界还是来自公司，任何人都可以使用并学习它。

许多开源库和框架可用于 DL。最常见的是 Caffe、TensorFlow、Keras、Theano 或 Torch，简要说明如下：

- TensorFlow 是最近由谷歌发布的开源项目，由于它支持几种类型的架构而变得越来越受欢迎，包括卷积神经网络、堆叠式自动编码器、深度信念网络和循环神经网络。在 TensorFlow 中，网络被指定为向量运算的符号图，例如矩阵加/乘或卷积，并且每个层都是这些运算的组合。TensorFlow 使用高级脚本语言，可用于快速部署模型。可通过 Python 或者 C++访问界面，它有一个用于调试的有用的浏览器界面，叫做 TensorBoard。
- Keras. io 是一个很棒的框架，可以在 Theano 或 TensorFlow 上运行，使用简单直观。
- Torch 提供了一个高级脚本界面（很像 Matlab），卷积神经网络和循环神经网络性能出色。如果用户希望在更细粒度的级别上操作，那么它提供的灵活性会更低。Torch 在 Lua 上运行，与其他实现方式相比，允许快速执行。最近的Pytorch 是一个 Python 包，为 Tensor 计算（如 Numpy）提供高级功能。Pytorch 具有强大的 GPU 和基于磁带的自动梯度系统深度神经网络。
- 来自微软的 MxNet 最近被亚马逊当作深度学习平台，被列为 Keras 的后端之一。
- Gluon 是亚马逊和微软最近发布的开源深度学习界面。Gluon 是用于设计和定义机器学习模型的高级框架。根据亚马逊的说法，“对机器学习不熟悉的开发人员会发现这个界面更像传统代码，因为机器学习模型可以像任何其他数据结构一样被定义和操作。"Gluon 最初在 Apache MXNet(亚马逊)中使用,很快就出现在 CNTK(微软)中。

- Caffe 是最早的深度学习工具包之一,主要用于卷积神经网络。然而,它不支持循环网络和 NLP 模型。此外其用户界面不友好。
- Theano 是实现深度学习模型的最通用和最强大的工具包之一,并在最近的研究中使用,如注意力机制和双向循环网络。Theano 使用符号图并有实现方式(这代表了最先进的技术趋势),有时呈现为高级框架,例如 Keras. io。一方面,它具有良好的性能,支持单个和多个 GPU;另一方面,其学习曲线陡峭,有点难以调试。

2.3.11 DL 即服务(DLAS,DL As a Service)

所有巨头(亚马逊、IBM、谷歌、Facebook、Twitter、百度、雅虎和微软)都在创建自己的 DL 平台,并开放(部分)核心算法。我们正在进入"AI 即服务"时代。表 2-1 总结了这些公司提供的主要服务。

表 2-1 主要机器学习平台

公 司	基于云的 ML 平台	DL 技术(开源)
Amazon(亚马逊)	Amazon Machine Learning	DSSTNE
Baidu(百度)	Deep Speech 2	Paddle
Facebook	TorchNet,Pytorch	FastText
Google(谷歌)	NEXT Cloud	TensorFlow
IBM	Watson	IBM System
Microsoft(微软)	Azur	CNTK
Twitter	Cortex	

图 2-4 比较了不同的 DL 平台。

深度学习正在转向开源和云端。谷歌、Facebook、IBM、亚马逊和微软正试图建立围绕云提供的人工智能服务生态系统。深度学习是一种横向技术,将应用于各个行业,因此竞争激烈,所有玩家都在努力通过云服务和集成平台赢得胜利。Forrester Research 最近估计 2016 年亚马逊的云收入为 108 亿美元,微软为 101 亿美元,谷歌为 39 亿美元。

对于这些公司来说,最稀缺的资源可能就是人才,这可能证明了深度学习创业公司"收购"的疯狂并购活动。此外,才华横溢的 AI 专家大多来自学术界,他们积极要求开放

	语　言	教程及训练资料	CNN模型性能	RNN模型性能	架构：易用性及模块化前端	速　度	多GPU支持	Keras兼容
Theano	Python, C++	++	++	++	+	++	+	+
Tensor-Flow	Python	+++	+++	++	+++	++	++	+
Torch	Lua,Python (new)	+	+++	++	++	+++	++	
Caffe	C++	+	++		+	+	+	
MXNet	R,Python, Julia,Scala	++	++	+	++	++	+++	
Neon	Python	+	++	+	+	++	+	
CNTK	C++	+	+	+++	+	++	+	

图 2-4　不同深度学习框架的比较

（来源：https://www.kdnuggets.com/2017/03/getting-started-deep-learning.html）

和参与开源社区。这就是为什么被 Apache 机构认可是可信度的重要标志。这有助于解释为什么苹果公司的发展落后于其他巨头，其封闭的文化无法使其快速发展。

硬件也很关键。大多数 DL 算法需要巨大的计算能力，无论是本地还是云端。具体而言，它们需要图形处理单元（GPU），就像在游戏机里的和可配置用于特殊用途运算的现场可编程门阵列（FPGA）。由 DL 执行的大多数统计推断涉及难以解决的问题（例如，评估复杂积分），这些问题只能通过近似值来实现，但计算代价高昂。DL 可能很快变成硬件问题而不是算法问题。NVIDIA 和英特尔正在推出专门用于应对深度学习计算需求的新处理器。

由 Elon Musk 创立的 OpenAI，作为非营利组织正在为 DL 社区增添一个新的视角。由于人们担心社会可能会受到人工智能的威胁，OpenAI 制定了一项长期计划，以确保人工智能的安全，并推动该技术尽可能开源和透明。有趣的是，OpenAI 人才队伍的发展速度，这可能是问题的真实（和严重）的一个标志。

Google 于 2017 年 6 月宣布了一个新的开源系统，以加快使用 TensorFlow 创建和训练机器学习模型的过程。Tensor2Tensor（T2T）库（https://github.com/tensorflow/tensor2tensor）可以创建深度学习模型。T2T 可用于构建文本翻译或解析等过程的模型，以及图像字幕，并允许使用加速模型的创建和测试，从而降低了尝试使用 DL 的用户的入门门槛。它使用标准接口，包括数据集、模型、优化器和不同超参数的集合，用户可以通过改变这些组件的版本并动态测试它们。

根据 Forrester 的说法，机器学习平台市场到 2021 年将以每年 15% 的速度增长。图 2-5 比较了可用的主要平台。

	亚马逊机器学习	谷歌云机器学习	IBM WATSON 机器学习	微软 AZURE 机器学习
概　述	很大程度上的自动化平台，将机器学习算法应用于存储在流行的 Amazon Web Services 平台中的数据	允许用户访问 Google 在搜索和其他行业领先的应用程序中使用的最先进的算法；用户还可以构建自己的模型	主要专注于通过 REST API 连接器将模型投入实用	提供用户可以应用于自己数据的大量预制算法。比其他选项自动化程度更低
界　面	• 亚马逊机器学习控制台； • 亚马逊命令行界面	命令行界面使用 gcloud ml-engine 控制 TensorFlow 进程	• IBM 的图形化的分析软件 SPSS 可用作前端； • API 连接器使用户能够在第三方数据科学应用程序中构建模型	• Azure Machine Learning Studio 拖放环境； • 用于 R 和 Python 编码的软件包
算法和建模方法	用户可以将他们的数据带到预制算法中，包括： • 回归； • 二分类； • 多类别分类	用户可以从头开始构建自己的模型，也可以使用支持这些应用的预训练模型： • 视频分析； • 图像分析； • 语言识别； • 文本分析； • 翻译	用户可以通过 REST API 连接器以任何语言构建自己的算法。Apache Spark 的 MLlib 机器学习算法库的链接计划通过 IBM 的 Data Science Experience 工作台平台（目前处于封闭测试版）	用户可以将他们的数据带到预先编写的算法，包括： • 可扩展的增强决策树； • 贝叶斯推荐系统； • 深度神经网络； • 决定丛林； • 分类。 该服务还支持以下算法： • 多类别和二分类； • 回归聚类
自动化算法推荐	是	是	否	否
数据位置要求	在用于机器学习服务之前，数据必须位于 Amazon Web Services 存储中	数据和模型都在 Google 云端存储	数据和模型都在 IBM Bluemix 中	可以从 AWS 等第三方导入小型数据集，但 Azure 中必须存在大于几千兆字节的数据集
价　格	用于数据分析和建模，每小时 0.42 美元。预测费用：每千次预测 0.10 美元，四舍五入到下一个千次；每实时预测 0.000 1 美元，四舍五入到最近的一美分，再加上每 10 MB 配置内存每小时 0.001 美元的预留容量费用	模型训练：每台机器学习训练单元（计算资源的一个度量单位），美国每小时 0.49 美元；欧洲和亚洲 0.54 美元。 预测费用：美国每千次预测 0.10 美元，每节点小时 0.40 美元；欧洲和亚洲 0.11 美元/0.44 美元。根据所使用的特性，对预训练模型的 API 调用的定价差异很大	每个服务实例 10.00 美元（每个运行 20 个模型）。 对于分析和模型构建：每计算小时 0.45 美元。 预测费用：每千次实时或批量预测 0.50 美元。 免费版本提供一个服务实例，支持最多两个模型、每月 5 000 个预测和 5 个小时的计算时间	每个用户每月 9.99 美元，用于 Azure Machine Learning Studio（机器学习工作室），加上每个工作室实验每小时（计算资源的度量）1.00 美元。 一个功能有限的免费版本也可用于开发和个人使用。预测分析应用程序可以以每月 100 美元、1 000 美元和 10 000 美元的分层价格部署为 Web 服务
额　外	存储在 Amazon Web Services 中的数据的额外费用单独计费	需要谷歌云平台账户	创建新模型所需的 IBM SPSS Modeler 或数据科学经历。需要 Bluemix 账户	付费版本需要 Azure 账户；免费的只需要一个 Microsoft 账户
其他事项	包括自动数据转换工具	很少的抽象，意味着程序员可以进行敏捷控制，但非技术人员可能会面临学习曲线	该服务主要面向通过 API 连接构建机器学习支持的应用程序	可视化界面可能会让用户有限地了解模型如何在幕后操作

图 2-5　不同 DL 平台的比较

（来源：https://searchbusinessanalytics.techtarget.com/feature/Machine-learning-platforms-comparison-Amazon-Azure-Google-IBM）

2.4 最近的发展

下面介绍了该领域的一些最新进展。

2.4.1 2016年

2016年,DL在研究、应用、项目或资金和平台方面取得了巨大的突破。根据Yann LeCun(杨立昆)的说法,生成对抗网络(GAN)可能是过去十年机器学习中最重要的思想。尽管2014年由Ian Goodfellow(伊恩·古德菲尔)推出GAN,但最近才开始展示出其潜力。最近推出的用于帮助训练且具有更好设计架构(深度卷积GAN)的改进技术已经修复了一些先前的限制并为新应用打开了大门。GAN通过生成网络(G,Generative)配合判别网络(D,Discriminative)工作,G网络试图用伪造的数据表示欺骗D网络,随着这个博弈过程的发展,G网络将学习如何构建接近真实的示例。好消息是你不需要有一个明确的损失函数来最小化。

2.4.2 2017年

2017年的特点是深度学习取得了一系列突破,最热门的领域之一是应用于游戏和机器人的强化学习。AlphaGo可能是强化学习中最出名的案例,因为它能够击败世界上最好的围棋选手。

AlphaGo Zero在没有人类训练数据的情况下通过下围棋来学习,从而进一步提高算法,可参考网上资料:https://arxiv.org/abs/1705.08439。它表现出色并击败了第一代AlphaGo。这种算法的推广,称为AlphaZero,由Deepmind提出,能够同时掌握国际象棋和日本象棋。

Libratus(http://science.sciencemag.org/content/early/2017/12/15/science.aao1733.full)是由CMU的研究人员开发的系统,在为期20天的挑战,无限制的德州扑克锦标赛中击败了顶级扑克玩家。强化学习的研究现在转向更难的多人游戏。DeepMind正在研究星际争霸2并发布一个研究场景,OpenAI机器人在DOTA 2标准比赛规则下进行的1对1的游戏中证明已初有成效。机器人在复杂而混乱的目标中从头开始学习游戏,这个想法在不久的将来可参与完整的5对5游戏竞争。

Google的Tacotron 2文本语音转换系统基于Wavenet(一种自回归模型),从文本中生成了很好的音频样本,该模型也部署在Google助手中,并且在过去一年中速度有了很大的提高。WaveNet以前曾被应用于机器翻译,这使得在循环体系结构中的训练更快。

在机器翻译中,使用成本更低的循环体系结构是一种趋势。在 *Attention Is All You Need* 中研究人员摆脱了反复出现和错综复杂的问题,使用更复杂的注意力机制,只用一小部分训练成本就可获得最先进的结果。

另一个活跃的研究领域是药物发现。深入学习在所有可能的化学排列的巨大搜索空间中有效地搜索新分子的潜力已经被证明是相当成功的。例如,最近的 generative recurrent networks for De Novo Drug Design(使用生成递归网络进行新药物设计)的工作或生物医学数据深度学习的应用回顾可参见文献[MVPZ16]。

Waymo 的自动驾驶汽车于 2017 年 4 月拥有了第一个真正的车手,后来完全取代了人类驾驶员。Lyft 宣布正在建立自己的自动驾驶硬件和软件,目前正在波士顿的一个试点项目中进行。特斯拉自动驾驶仪有一些新奇的特色,苹果也确认正在开发自动驾驶汽车软件。

2.4.3 演化算法

2017 年,演化策略(ES,Evolution Strategies)成为训练人工神经网络的流行的替代方案。对搜索空间的探索不再依赖于梯度,并且可以有效地用于强化学习。优点是演化策略不需要可微分的损失函数。此外,演化算法可以线性扩展到数千台机器,以实现快速并行训练,而且不需要昂贵的 GPU。

OpenAI 的研究人员证明,ES 可以达到与标准强化学习算法(如深度 Q 学习)相当的性能。来自 Uber 的一个团队发布了一篇博文,阐述了遗传算法优化神经网络的潜力。通过简单的遗传算法,Uber 能够教一台机器玩复杂的 Atari 游戏。

2.4.4 创造力

生成模型在创建、建模和改进图像、音乐、草图甚至视频方面都很普遍。NIPS 2017 会议包括了 Machine Learning for Creativity and Design(机器学习创造和设计)研讨会。

GAN 在 2017 年取得了重大进展。TingGAN、DiscoGAN 和 StarGAN 等新型号在生成图像(尤其是人脸)方面取得了惊人的成果,例如,pix2pixHD 。

最近的 Manga 着色项目自称是 Manga 最好的自动着色工具。

可以使用 GAN 从噪声中创建女性漫画角色的生成模型。如果你想使用 GAN 改善图像质量,那么可尝试使用 Letsenhance.io。

2017 年 DL 在生物学中的应用也是非比寻常的。例如,有关使用深度生成模型生成和设计 DNA 的工作,为从头创建合成 DNA 打开了大门。另一个例子是谷歌研究深变型(Google Research Deep Variant,译者注:一种开源工具)的工作,该团队在基因组测序中发现 DNA 变异的巨大进步。

第3章　深度神经网络模型

深度学习的概念起源于人工神经网络，其中具有许多隐藏层的前向神经网络或多层感知器(MLP，Multilayer Perceptron)通常称为深度神经网络(DNN)。

MLP网络通常通过梯度下降算法训练，该算法由反向传播(BP，Backpropagation)指定。BP的思路很简单：对于每组输入/输出，比较数据中最后一层神经网络(输出层)与实际输出信号的差异，即误差。由于可以输入/输出计算网络中的信号，因此可以更正连接层中神经元的权重，以便在下一次迭代中减少误差。为此，可以通过与误差的比例的度量更新权重。

训练深度网络时，单独使用BP有几个问题，包括非凸目标函数中的局部最优陷阱和梯度消失(当信息通过层反向传播时，输出信号呈指数下降)。要了解问题如何解决，首先需要了解人工神经网络(ANN，Artificial Neuron Network)的一些历史。

3.1　神经网络简史

人工神经网络始于McCullogh(麦卡洛克)和Pitts(皮茨)的一项工作，他们展示了一组简单单元(人工神经元)，可以执行所有可能的逻辑运算，因此能够进行通用计算。Von Neumann(冯·诺依曼)和Turing(图灵)率先解决了大脑信息处理的统计特性，以及如何构建能够再现它们的机器。Frank Rosembalt(弗兰克·罗斯贝尔特)发明了感知器机器来执行简单的模式分类。然而，这种新的学习机器无法解决简单的问题，如异或逻辑。1969年，Minsky(明斯基)和Papert(佩珀特)证明，此类感知器具有无法超越的内在局限性，从而导致对人工神经网络的热情逐渐消退。

1983年,John Hopfield(约翰·霍普菲尔德)提出了一种特殊类型的人工神经网络(Hopfield 网络),并证明它们具有强大的模式完善和记忆特性。

反向传播算法首先由 Linnainmaa S(林纳因马,1970)在描述算法的累积舍入误差时提出(作为局部舍入误差的泰勒展开),最初并非用于神经网络。1985 年,Rumelhart(鲁姆哈特)、McClelland(麦克利兰)和 Hinton(辛顿)重新发现了这一强大的学习规则,使它们能够在有若干隐藏单元时训练人工神经网络,从而避免了明斯克发现的局限性。

表 3-1 概述了神经网络的演变。

表 3-1 神经网络的里程碑

年份/年	贡献者	贡 献
1949	Donald Hebb	Hebbian 学习规则
1958	Frank Rosenblatt	介绍了第一个感知器
1965	Ivakhnenko 和 Lapa	介绍了 MLP 的前身,数据处理组合算法(GMDH)
1970	Seppo Linnainmaa	提出了反向传播算法
1980	Teuvo Kohonen	自组织映射
	Kunihiko Fukushima	发表了神经认知机,CNN 的前身
1982	John Hopfield	Hopfield 循环网络
1985	Hinton 及 Sejnowski	玻耳兹曼机器
1986	Rulmelhart 及 Hinton	推广反向传播训练 MLP
1990	Yann LeCun	引入 LeNet,展示了深度神经网络在实践中的可能性
1991	Sepp Hochreiter	探讨了 BP 算法中梯度消失和爆炸的问题
1997	Schuster 及 Paliwal	双向递归神经网络
	Hochreiter 和 Schmidhuber	LSTM,解决了递归神经网络中梯度消失的问题
2006	Geoffrey Hinton	深度信念网络;引入分层预训练,开启当前的深度学习时代
2009	Salakhutdinov 和 Hinton	深度玻耳兹曼机器
2012	Geoffrey Hinton	Dropout,一种训练神经网络的有效方法
2013	Kingma 和 Welling	引入变分自动编码器(VAE),架起深度学习领域和贝叶斯概率图形模型之间的桥梁
2014	Bahdanau 等	引入了注意力模型
	Ian J. Goodfellow	引入了生成性对抗网络
2015	Srivastava 和 Schmidhuber He 等	介绍了高速路神经网络,引入了残差块和残差网络,这是目前视觉问题的最新技术
2016	Wang 等	引入了选择附加网络,架起深度学习领域和因果推理领域之间的桥梁
2017	Mnih 等	引入了 RL DNN,Q-Learning 和 A3C

3.1.1 多层感知器

多层感知器用于解决不可线性分离，即无法用一系列直线进行分类的问题。图 3-1 显示了多层感知器的示例。

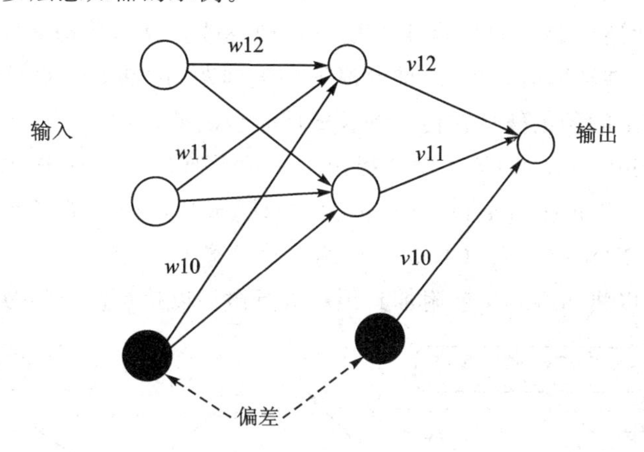

图 3-1 MLP 具有输入、隐藏层和输出，训练包括找到最佳权重 w 和 v，以及偏差

ANN 由一组输入组成，通过权重 w 连接到一组隐藏的单元。隐藏的单元通过权重 v 连接到输出。最初，所有权重和偏差项都设置为随机数。网络中的激励层通过权重从输入层向前传播到隐藏层，在此过程中计算一些净激励的函数。通常，传递函数是 sigmoid、tanh，或最近的整流线性单元（ReLU）。然后，激励层通过更多权重传播到输出神经元。

必须更新两组权重，即隐藏层和输出层之间的权重以及输入层和隐藏层之间的权重。第一组权重引起的误差可由最小均方规则计算；第二组权重（W）中的错误，向后传播该部分误差，可使用反向传播算法。上面简单地说明了错误应该与权重贡献成正比。该算法有两个主要参数：学习速率和动量（以避免局部最小值中的陷阱）。此外，隐藏层中的单元数量是一个重要的输入（更多隐藏的单元将增加计算能力，也可能损害泛化能力）。

网络参数的选择通常通过 k-fold 倍交叉验证来执行，固定训练数据的 $k-1$ 部分用于训练，剩余部分用于测试，然后交换这两部分。

随机梯度下降（SGD，Stochastic Gradient Descent）算法是用于加速神经网络训练的技术。与使用所有训练样本执行优化的梯度下降算法不同，SGD 算法仅使用训练样本的子集。SGD 收敛更快，因为它每个 epoch 迭代仅使用一小部分训练样本。

3.2 什么是深度神经网络

人们早就知道,具有更多隐藏层(更深)的人工神经网络具有更高的计算能力,更适合解决分类或回归问题[AV03,YAP13,BLPL06]。如何训练网络,即如何学习将一层神经元与其他神经元连接起来的权重或连接是一种挑战。反向传播算法适用于具有单个隐藏层的人工神经网络,由于所谓的消失梯度问题,在更多层的架构时较困难,也就是说,来自输出的校正信号在传递到较低层时会消散。

2006 年,Hinton(辛顿)等人[GR06]提出了一种无监督学习算法,该算法使用了称为对比散度(CD,Contrastive Divergence)的方法,成功地训练了深度生成模型,称为深度信念网络(DBN)[HOT06]。CD 是一种逐层学习算法,如图 3-2 所示,通常用于无监督任务,也可以将 softmax 层附加到顶层进行微调以执行监督学习。

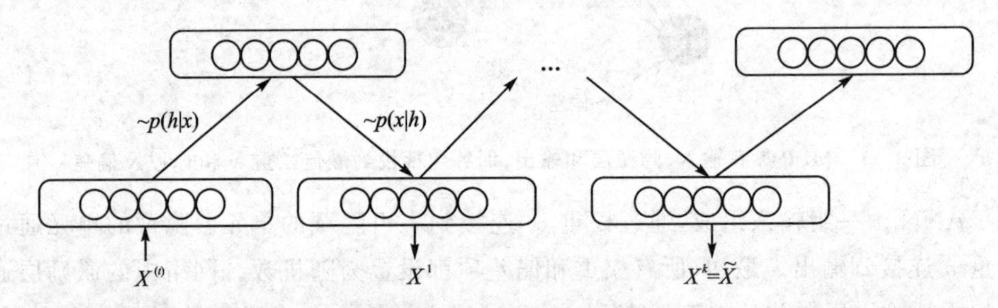

图 3-2 对比散度(CD)模拟为具有 *k* 步的 MCMC(译者注:马尔可夫链蒙特卡罗)过程

在图中,CD-1 在第 1 阶段停止并忽略进一步的迭代(iteration),因为输入 x 被很好地重建为 x_1。(译者注:关于两种“迭代”的区别,神经网络中 epoch 与 iteration 是不相等的;batchsize 中文翻译为批大小(批尺寸)。在深度学习中,一般采用 SGD 训练,即每次训练在训练集中取 batchsize 个样本训练;iteration 中文翻译为迭代,1 个 iteration 等于使用 batchsize 个样本训练一次;1 个迭代=1 个正向通过+1 个反向通过;epoch:迭代次数,1 个 epoch 等于使用训练集里的全部样本训练一次;1 个 epoch 等于所有训练样本的 1 个正向传递和 1 个反向传递。举个例子,训练集有 1 000 个样本,batchsize=10,那么训练完整个样本集需要 100 次 iteration,1 次 epoch。)

DL 方法和架构有多种,但大多数 DNN 可以分为五大类。

- 用于无监督学习的网络,旨在通过捕获相关类(如果可用)的联合统计分布获取数据的高阶相关性。贝叶斯规则稍后可用于创建判别性学习机器。
- 用于监督学习的网络,旨在提供分类问题中的最大判别力,并仅使用标记数据进行训练。应标记所有输出。
- 混合或半监督网络,其目标是使用生成(无监督)模型的输出对数据进行分类。通常,数据用于预训练网络权重,在监督阶段之前加速学习过程。如

图 3-2 所示，知道未标记数据 x 的结构，或统计中的分布 $P(x)$，可以比标记数据中的纯监督学习更有效。

- 强化学习，智能体交互并更改环境，仅在完成一组操作后才收到反馈。这种类型的学习通常用于机器人和游戏领域。
- 生成神经网络，其中深度生成模型是无监督和半监督学习的有效方法，其目标是在不依赖标签的情况下发现数据中的隐藏结构。由于它们是生成性的，因此这些模型可以形成丰富的世界意象。可以利用这种想象探索数据中的变化，推理世界的结构和行为，并最终做出决策。这些模型的一大优点是不需要补充外部损失函数，因为它们可以自主地学习数据结构。

尽管围绕深度学习进行了大量宣传，但是传统模型在解决机器学习问题方面仍然发挥着重要作用，特别是当数据量不是很大且输入功能相对“干净”时。如果变量的数量与训练样例的数量相比很大，支持向量机（SVM）或集成方法（如随机森林或极端梯度增强树（XGBoost））可能更简单、更快速、更好。

最流行的 DNN 架构类型有堆叠去噪自动编码器（SdAE）、深信念网络、卷积神经网络（CNN）和循环神经网络（RNN，Recurrent Neural Network）。使用 CNN 实现了机器视觉的许多进步，使得这种 DNN 类型成为图像处理的标准。DNN 的架构类型有很多种，不同的架构类型适用于不同的商业应用程序，具体取决于使用的体系结构、连接、初始化、训练方法和丢失函数等。

图 3-3 总结了这些流行的 DNN 架构。

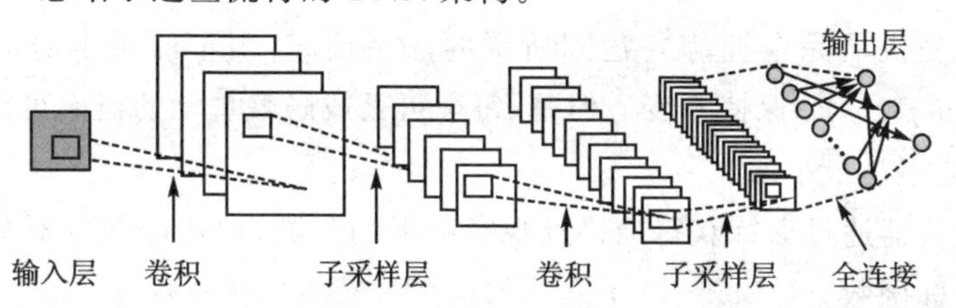

(a) CNN具有多级卷积和子采样层，可选，随后是具有深层架构的完全连接的层

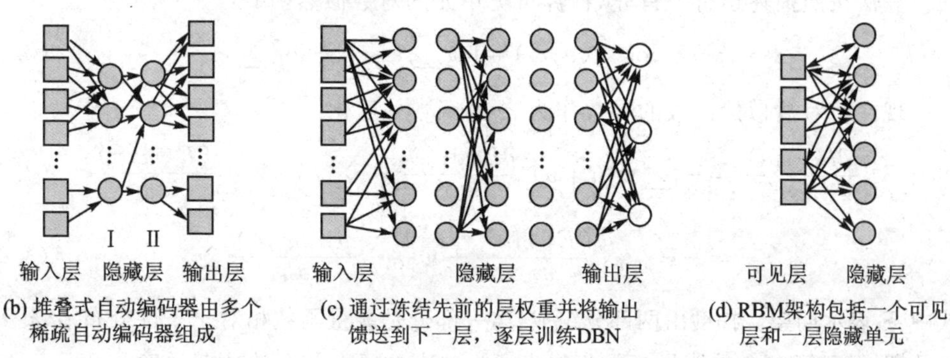

(b) 堆叠式自动编码器由多个稀疏自动编码器组成

(c) 通过冻结先前的层权重并将输出馈送到下一层，逐层训练DBN

(d) RBM架构包括一个可见层和一层隐藏单元

图 3-3　数据分析中最受欢迎的 4 种深度学习架构

3.3 玻耳兹曼机器

玻耳兹曼机器[AHS85]是 Hopfield 网络[Mac03,SA08]的随机版本，具有隐藏的单元，其名字来自玻耳兹曼分布。

玻耳兹曼机器的能量函数采用与 Hopfield 网络类似的方式定义，除了可见单元 v 和隐藏单元 h 外，具有不同的标签。

$$E(v,h)=-\sum_{i}v_i b_i\sum_{k}h_k b_k-\sum_{i,j}v_i v_j w_{ij}-\sum_{i,k}v_i h_k w_{ik}-\sum_{k,l}h_k h_l w_{k,l} \tag{3.1}$$

式中：v 表示可见单元；h 表示隐藏单元；b 表示偏差；w_{ij} 是单元 i 和 j 之间的权重。

给定此能量函数，在可见单元和隐藏单元上进行联合配置的概率如下：

$$p(v,h)=\frac{\mathrm{e}^{-E(v,h)}}{\sum_{m,n}\mathrm{e}^{-E(m,n)}} \tag{3.2}$$

可见，隐藏单元的概率由该联合概率的边缘分布确定。例如，通过边缘化隐藏单元，可以获得可见单元的概率分布。

$$p(v)=\frac{\sum_{h}\mathrm{e}^{-E(v,h)}}{\sum_{m,n}\mathrm{e}^{-E(m,n)}} \tag{3.3}$$

现在可以利用式(3.3)来对可见单元进行采样。

当玻耳兹曼机器完全训练并达到所谓的热平衡时，由于能量本身的分布是常数，则概率分布 $p(v,h)$保持不变。但是，每个可见或隐藏单元的概率可能会有所不同，其能量可能不是最小值。

玻耳兹曼机器通过训练获得最接近观察数据的参数，似然函数的对数的梯度下降是通常的目标函数。

算法按照描述运行。首先，计算可见单元的对数似然函数：

$$l(v;w)=\log p(v;w)=\log\sum_{h}\mathrm{e}^{-E_{v,h}}-\log\sum_{m,n}\mathrm{e}^{-E_{m,n}} \tag{3.4}$$

现在将对数似然函数的导数作为 w 的函数并简化：

$$\frac{\partial l(v;w)}{\partial w}=-\sum_{h}p(h\mid v)\frac{\partial E(v;h)}{\partial w}+\sum_{m,n}p(m,n)\frac{\partial E(m;n)}{\partial w} \tag{3.5}$$

$$=-\mathbb{E}_{p(h|v)}\frac{\partial E(v;h)}{\partial w}+\mathbb{E}_{p(m,n)}\frac{\partial E(m;n)}{\partial w} \tag{3.6}$$

式中：$\mathbb{E}$ 表示期望。梯度由两部分组成：第一部分是能量函数相对于条件分布 $p(h|v)$ 的预期梯度；第二个是能量函数相对于所有状态的联合分布的预期梯度。

计算这些期望通常是一个棘手的问题，因为它涉及对大量可能的状态/配置进行求和。解决该问题的一般方法是使用马尔可夫链蒙特卡罗(MCMC, Markov Chain Monte Carlo)近似这些量：

$$\frac{\partial l(v;w)}{\partial w}=-<s_i,s_j>_{p(h_{\text{data}}|v_{\text{data}})}+<s_i,s_j>_{p(h_{\text{model}}|v_{\text{model}})} \tag{3.7}$$

式中：$<\cdot>$表示期望。

式(3.7)为数据馈入可见状态时状态乘积的期望值与在没有数据馈送的情况下状态乘积的期望之间的差异。当可见和隐藏单元由观察到的数据样本驱动时，通过取能量函数梯度的平均值来计算第一项。

第一项很容易计算，但第二项很难，因为它涉及在所有可能的状态上运行一组马尔可夫链，直到达到当前模型的平衡分布，最后取平均能量函数梯度。这种复杂性导致了受限玻耳兹曼机器的发明。

3.3.1 受限玻耳兹曼机器

受限玻耳兹曼机器(RBM, Restricted Boltzmann Machine)由 Smolensky(斯莫伦斯基)[Smo86]发明。它是一台玻耳兹曼机器，在可见单元之间或隐藏单元之间没有连接。

图 3-4 显示了如何基于玻耳兹曼机器实现受限玻耳兹曼机器。隐藏单元之间的连接及可见单元之间的连接被删除，模型为二分图。通过引入此限制，RBM 的能量函数更加简单。

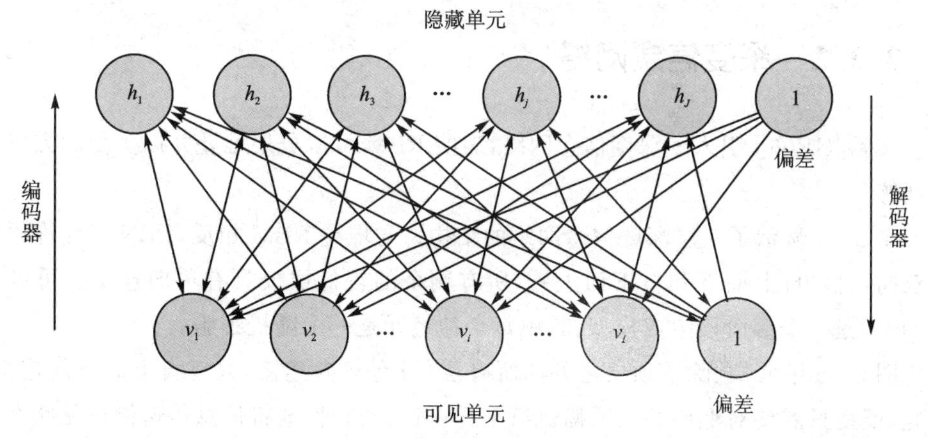

限制隐藏单元之间没有联系($h_j=1\cdots J$ 节点)并且可见单元之间没有连接($v_i=1\cdots I$ 节点)，玻耳兹曼机器变成了受限玻耳兹曼机器。该模型现在是一个二分图。

图 3-4　受限玻耳兹曼机器的插图

$$E(v,h)=-\sum_i v_i b_i-\sum_k h_k b_k-\sum_{i,k} v_i h_k w_{ik} \tag{3.8}$$

对比散度(CD,Contrastive Divergence)

RBM仍然可以像玻耳兹曼机器训练一样进行训练。由于RBM的能量函数更简单,所以用于推断公式(3.7)中第二项的采样方法变得更容易。尽管相对简单,但是学习过程仍然需要大量的采样步骤近似模型分布。

为了强调这种采样机制的困难,简化后续介绍,可以使用不同符号集重写公式(3.7),如下:

$$\frac{\partial l(v;w)}{\partial w}=-<s_i,s_j>_{p_0}+<s_i,s_j>_{p_\infty} \tag{3.9}$$

式中:使用 p_0 表示数据分布,使用 p_∞ 表示模型分布,其他符号保持不变。因此,所提到的方法学习参数的难度在于它们需要潜在的"无限"多的采样步骤近似模型分布。

Hinton(辛顿)能够[Hin02]通过引入一种名为对比散度的方法来克服这个问题。根据经验,他发现人们不必执行"无限"采样步骤收敛到模型分布;有限的 k 个采样步骤就足够了。因此,式(3.9)重写,如下:

$$\frac{\partial l(v;w)}{\partial w}=-<s_i,s_j>_{p_0}+<s_i,s_j>_{p_k}$$

Hinton等人[Hin02]证明使用 $k=1$ 足以使学习算法收敛。这就是所谓的CD1算法。

3.3.2 深度信念网络

文献[GR06]引入了深度信念网络,表明RBM可以分层堆叠并以贪婪的方式进行训练。

图3-5显示了三层深度信念网络的结构。与堆叠RBM相反,DBN仅允许顶层的双向连接(自上而下和自下而上)。所有剩余的较低层仅具有单向连接。可以认为DBN是一个多阶段生成模型,其中每个神经元是一个随机细胞。

图3-5中底层(除了顶层之外的所有层)没有双向连接,只有自上而下的连接。因此,模型只需要对上层的热平衡进行采样,然后回顾性地将信息传递给可见状态。

DBN使用两步过程进行训练:分层预训练和参数微调。

分层预训练一次训练一层。训练完第一层后,冻结连接并在第一层之上添加一个新层。采用与初始层相同的方式训练第二层,并且该过程将继续进行直到要求的层。这种预训练可以看作是有效权重初始化[BLPL06, EBC+10, RG09]。

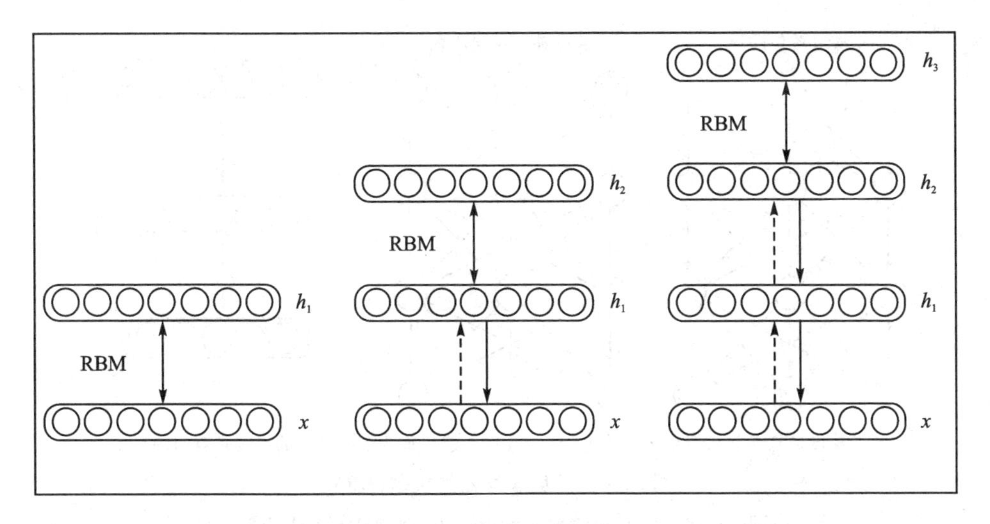

图 3-5 深度信念网络

通过以下两种不同的策略进一步微调以优化网络。

- 对生成模型进行微调：通过唤醒睡眠算法[HDFN95]的对比版本实现对生成模型的微调，这是一个受神经科学启发的过程。在唤醒阶段，信息从底层流向上层以调整自下而上的权重，以便在上层中创建表示。在睡眠阶段，发生逆转，信息向下传播以调整自上而下的连接。
- 对判别模型进行微调：对于这种情况，通过使用较高层上的数据标签将标准反向传播应用于预训练网络，可以简单地微调 DBN。

除了提供良好的网络初始化外，DBN 还具有其他重要属性。首先，可以使用所有数据集，甚至是未标记的数据集；其次，可以被看作是概率生成模型，在贝叶斯框架内是有用的；第三，过拟合的问题可以通过预训练步骤和其他强有力的正则化（如 dropout）有效地缓解。

但是，DBN 会遇到以下问题：

- 由于"解释"效应，DBN 中的推断是一个问题。
- DBN 只能使用贪婪的再训练而不能对所有层进行联合优化。
- 近似推断是前馈型的，没有自下而上和自上而下的信息流。

3.3.3 深度玻耳兹曼机器

文献[RG09]引入了深度玻耳兹曼机器（DBM，Deep Boltzmann Machine）。图 3-6 显示了一个三层深度玻耳兹曼机器。DBM 和前一小节中的 DBN 之间的区别在于 DBM 信息在底层的双向连接上流动。

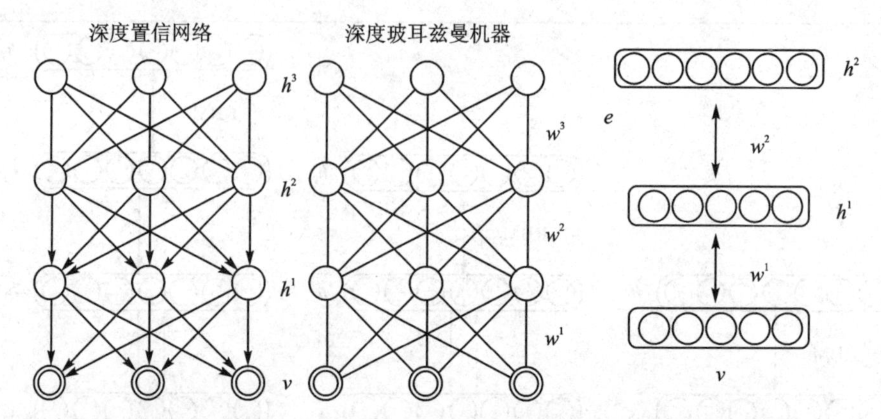

深度玻耳兹曼机器更像是将 RBM 堆叠在一起。每两个层之间的连接是双向的。

图 3-6　深度玻耳兹曼机器(DBM)

(来源:https://www.cs.toronto.edu/~rsalakhu/DBM.jpg)

能量函数被定义为 RBM 的能量函数的扩展(见式(3.8)),针对具有 N 个隐藏层的 DBM 如下:

$$E(v,h)=-\sum_{i}v_i b_i-\sum_{n=1}^{n}\sum_{k}h_{n,k}b_{n,k}-\sum_{i,k}v_i w_{ik}h_k-\sum_{n=1}^{N-1}\sum_{k,1}h_{n,k}w_{n,k,l}h_{n+1,l} \tag{3.10}$$

由于能量函数的相似性,还可以使用对比散度(CD1)训练 DBM。

DBN 和 DBM 确实有一些相似之处,因为它们都是受限玻耳兹曼机器启发的深度神经网络。但 DBM 的双向结构提供了学习数据中更复杂模式的能力。

3.4　卷积神经网络

CNN 由具有不同类型的堆叠层的若干块组成。每个块由卷积层和池化层组成,通常是最大池化层[SMB10]。这些模块通常堆叠在一起,一个在另一个上面,或者在其顶部具有 softmax 逻辑层,以形成深层模型。CNN 使用几种技巧使其非常适合图像处理,例如权重共享、自适应滤波器和池化。池化采用卷积层的子样本来提供下一层,充当强大的正则化。权重共享和池化方案(通常是最大池化)允许 CNN 生成保护属性,如转换不变性。CNN 非常高效,已经普遍应用于计算机视觉和图像识别[AIG12]中。

CNN 对信号流而不是特征向量进行操作。也就是说,完全连接的神经网络由绑定到特征向量的所有输入的激活单元组成。每个单元都具有特定于输入中每个特征的权重。另一方面,卷积层通过在输入向量上滑动一个小的(可训练的)权值过滤器(或 2D 输入映射,因为图像上经常使用 CNN)来利用权值共享,并将每个覆盖的输入区域与过滤器进行卷积。

具有最大池化层的CNN具有足够强大的功能，可以模仿灵长类动物视觉皮层的低级阶段，并具有生物学上可信的特征检测器，例如Gabor滤波器[CHY+14]。然而，一旦经过训练，CNN就像一个具有冻结权重的简单前馈机器。最近Stollenga（斯托林加）等人提出了具有后处理行为的CNN的迭代版本，称为深度注意选择性网络（dasNet，deep attention selective Network）[SMGS15]。

dasNet架构通过调制卷积滤波器活动的特殊连接（自下而上和自上而下），在图像连续传递时允许每层影响其他层，可对CNN中的选择性关注区进行建模。特殊连接的权重实现了一种控制策略，在CNN通过监督学习以通常的方式训练之后，通过强化学习而得到。给定输入图像，关注策略可通过多种路径增强或抑制特定的特征，改进最初监督训练未捕获的困难案例的分类。dasNet架构允许自动检查内部CNN过滤器，避免手动检查。

3.5 深度自动编码器

自动编码器是DNN本身具有的作为输出的输入数据。如果这些架构受到一些额外的噪声训练，则可作为生成模型，称为去噪自动编码器。使用贪婪的分层模式训练自动编码器，就像DBN一样，可生成深度模型[VLBM08]。

通过将下层中的自动编码器的输出转换为上层的输入，可以堆叠自动编码器以形成深度网络。无监督预训练一次完成一层，每一层的训练可最小化其输入重构中的误差。在预训练之后，可以通过添加softmax层并应用监督反向传播来微调网络，就好像它们是多层感知器一样。

堆叠去噪自动编码器（SdAE，Stacked denoising Auto-Encoder）是通过向输入添加噪声而获得AE的随机版本，以防止学习恒等映射。然后尝试对输入进行编码，同时撤消损坏捕获输入中统计依赖关系的影响。

3.6 递归神经网络

传统的ML方法，如支持向量机、逻辑回归和前馈网络，已被证明是有用的，无需通过将时间投影为空间在时间过程中显示地对时间建模。然而，这种假设不能对远程依赖性进行建模，在复杂的时间模式中可用性有限。循环中性网络是一个丰富的模型系列，端到端可区分，因此适合于基于梯度的训练，后来通过标准化技术（例如丢失或噪声注入）进行正则化。循环是解决诸如语言等难题的关键，因为它几乎存在于大多数大脑机制中。图3-7给出了几种神经网络的图表说明，包括循环神经网络。

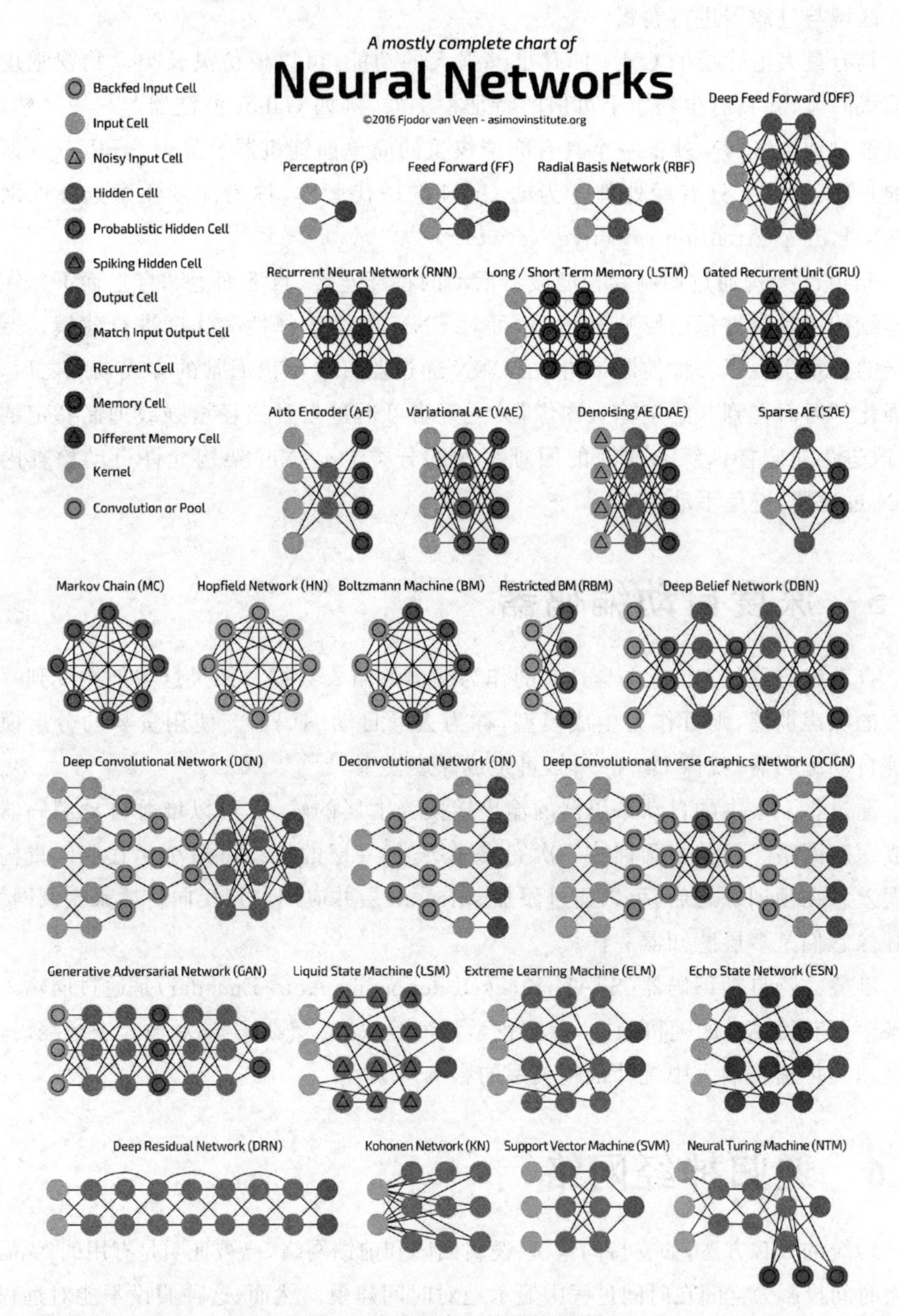

图 3-7　不同类型的网络架构

（来源：http://www.asimovinstitute.org/neural-network-zoo/）

Jordan（乔丹）[Jor90]首先引入了 RNN 结构作为前馈网络，其中隐藏层用特殊单元扩展。输出节点值被馈送到特殊单元，然后在下一个时间步骤将这些值提供给隐藏节点。如果输出值是活动单元,则特殊单元允许网络记住在先前时间步骤采取的操作。此外,Jordan 网络中的特殊单元是自连接的。

Elman(埃尔曼)[Elm90]引入的架构更简单。与隐藏层中的每个单元相关联的是上下文单元。每个这样的单元沿着固定权重的边缘将前一时间步骤的相应隐藏节点的状态作为输入。然后,该值沿标准边缘反馈到相同的隐藏节点 j。该架构相当于一个简单的 RNN,其中每个隐藏节点都有一个单端自连接的循环边缘。固定权重的循环边缘使隐藏节点自连接的观点是后续 LSTM 网络工作的基础[HS97]。

RNN 是一类无监督或监督的架构,用于学习时间或顺序模式。RNN 可用于使用先前的数据样本预测序列中的下一个数据点。例如,在文本中,使用先前单词上的滑动窗口预测句子中的下一个单词或一组单词。RNN 通常使用 Schmidhuber(施米德胡贝)等人提出的长短期记忆(LSTM)算法[HS97]或门控循环单元(GRU)进行训练。另一方面,由于众所周知的梯度消失或梯度爆炸问题及需谨慎的超参数数优化,它们很难通过训练获得长期依赖性。

RNN 最近变得非常流行,特别是引入了一些技巧之后,例如双向学习(前向和后向序列预测)以及允许使用动态值滑动窗口的注意机制,对于构建语言模型特别有用。

图 3-8 描绘了几个输入和输出的矢量在序列上运行 RNN 的状态。每个矩形都是一个向量;从下到上,输入向量位于底部,输出向量位于顶部,中间矩形保持 RNN 的状态。

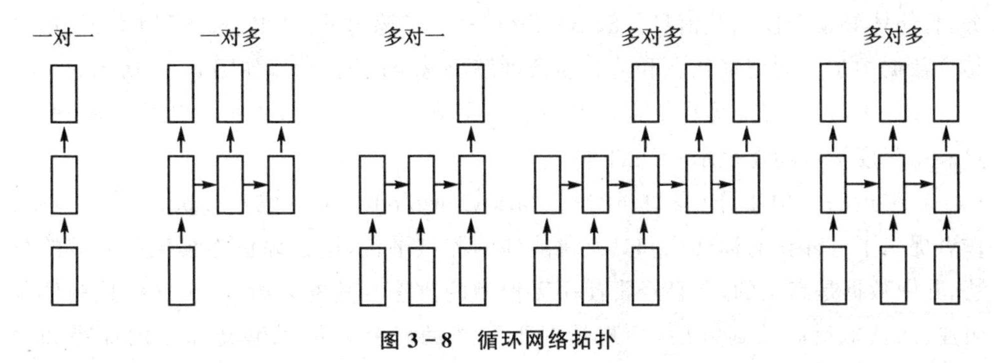

图 3-8　循环网络拓扑

(来源:http://karpathy.github.io/2015/05/21/rnn-effectiveness/)

有关可视化 LSTM 的详细信息,可访问 http://blog.echen.me/2017/05/30/exploring-lstms/?utm_content=buffer1bdf8。另外还可参阅 Andrej Karpathy 关于培训 RNN 的视频教程,网址为 https://skillsmatter.com/skillscasts/6611-visualizing-and-understanding-recurrent-networks。

3.6.1 强化学习的 RNN

强化学习(RL,Reinforcement Learning)通过使用延迟的激励信号调整机器学习的参数起作用。RL 最难的挑战是只能观察到部分环境状态并且必须考虑隐藏状态的任务——所谓的非马尔可夫任务或部分可观察的马尔可夫决策过程。许多实际任务属于这一类,例如迷宫导航任务。然而,隐藏状态使问题变得更加困难,因为智能体不仅学习从环境状态到行动的映射,还需要学习在每个位置确定其所处的环境状态。

经过 LSTM 训练的 RNN 非常适合并足以处理这些复杂的任务,尤其是在没有先验环境模型的情况下。我们可以在线建立一个模型,学习预测观察结果和回报,从而学习推断环境或将其分解为一组马尔可夫子任务,每个子任务都可以通过将观察结果映射到动作的反应控制器来完成[WS98]。另一种无模型方法是试图通过使所选择的行动不仅依赖于当前的观察,还依赖于观察结果和行动的历史的某种表示来解决隐藏状态。一般的观点是,当前的观测加上对历史的描述,可能会产生马尔可夫状态信号。

如果事件之间存在长期依赖关系,那么所有这些方法都可能面临和迷宫导航任务相似的困难,其中 T 形交叉点看起来都是一样的,并且区分它们的唯一方法是考虑先前的事件序列。对于这些情况,没有直接的方法将任务分解为马尔可夫子任务,智能体必须记住相关信息。Schmidhuber(施米德胡贝)提出了 LSTM 单元,通过结合数据中学习的记忆状态和遗忘项帮助解决这个问题[HS97],如图 3-9 所示。

强化学习,即智能体在给定环境中学习应该采取的行动,以最大化累积激励,通过利用深度学习功能表示看到的进步。

在最近的一项工作(参见 https://arxiv.org/pdf/1604.06778.pdf [DCH+16])中,作者提出了一种新的标准化和具有挑战性的测试平台,用于评估连续控制领域的算法,其中数据是高维的,并且经常使用无模型的方法。其框架由 31 个连续控制任务组成,从基本到运动到分层,理想情况下可帮助研究人员了解其算法的优势和局限性。

Pieter Abbeel(彼特·阿比尔,来自 openAI)在 youtube 上的视频演示是对 DL 如何解决强化机器学习问题的新视角的一个很好的概述,视频网址为 https://www.youtube.com/watch? v=evq4p1zhS7Q(译者注:视频演示时间近 19 分钟)。

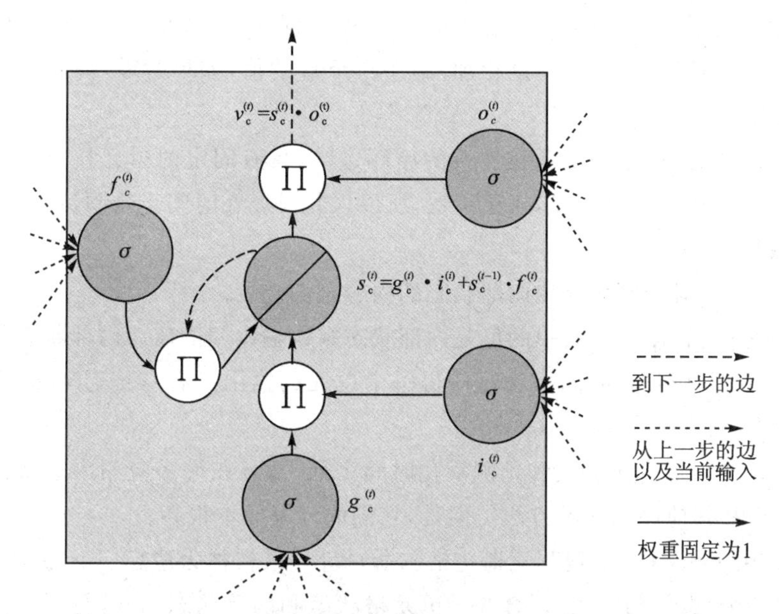

图 3-9 具有遗忘存储特性的 LSTM 单元

(来源:https://arxiv.org/pdf/1506.00019.pdf)

3.6.2 LSTM

RNN 的一个优势是能够连接先前的信息以解决实际任务,例如使用先前的单词预测句子中的下一个单词。

LSTM 网络是一种特殊类型的 RNN,能够学习长期依赖性,是由 Hochreiter(霍奇里特)和 Schmidhuber(施米德胡贝)在 1997 年[HS97]引入的,后来经过改进,广泛应用于从语言翻译到视频处理的各种问题。

LSTM 旨在解决长期依赖性及梯度消失和爆炸问题。LSTM 中的重复模块包含 4 个交互层:输入、输出、单元状态和遗忘门。LSTM 能够移除或添加信息到单元状态,由门调节来控制信息流。门由 sigmoid 或 tanh 神经元和逐点乘法运算组成。

LSTM 的每个存储器单元包含具有固定权重 1 的自连接循环边缘节点,确保梯度可以跨越许多时间步骤而不消失或爆炸。

简单的递归神经网络具有长期记忆(在训练期间变化缓慢的权重)和作为激活的短期记忆,从每个节点传递到连续的节点。LSTM 有一个存储器单元形式的中间存储类型,一个存储器单元由若干元件形成。

- 输入节点:这个单元是一个节点,是从上一个时刻($t-1$)的隐藏层开始,需要由当前时刻的输入层激活的节点。通过 tanh 激活函数求和加权输入。

- 输入门：门是一个 sigmoid 单元，由当前数据 $x(t)$ 以及前一时刻的隐藏层激活。其值用于乘以（不是相加）另一个节点的值，如果为零，则断开其他节点的流。
- 内部状态：这是一个自我连接的循环边缘，具有固定的单元权重。因为该边缘跨越相邻的时间步，权重不变，所以误差可以在时间步之间流动，不会消失或爆炸。
- 遗忘门：对于网络释放内部状态的内容至关重要。
- 输出门：存储器单元中的值是内部状态乘以输出门的值。内部状态首先通过 tanh 激活函数传递，因为这使得每个单元的输出具有与普通 tanh 隐藏单元相同的动态范围。

LSTM 非常适合于分类和预测演化时间序列，并且在许多应用中通常优于隐马尔可夫模型和其他序列学习方法。但是，它们的计算成本很高。

GRU 由 Felix Gers（费利克斯·格尔斯）提出，最初称为遗忘门。将遗忘和输入门组合成一个“更新门”。它还合并了单元格状态和隐藏状态，并进行了一些其他更改。由此产生的模型比标准 LSTM 模型简单，并且越来越受欢迎。格雷夫等人(2015)对流行变体进行了比较，发现它们几乎无法区分。

然而，根据这份报告(https://arxiv.org/abs/1703.03906)，LSTM 在 NLP 和机器翻译方面始终优于 GRU。

大多数问题都可以通过无状态 LSTM 解决。在无状态模式下，LSTM 将不记得先前批次的内容。如果是有状态的，则批次中索引 i 处的每个样本的最后状态将用作下一批中索引 i 的样本的初始状态。所以，要学习序列之间的依赖关系，必须使用有状态的 LSTM，作为布尔标志在 LSTM Keras 层中给出。

有关 LSTM 如何工作的详细说明，请参阅 http://colah.github.io/posts/2015-08-Understanding-LSTMs/ 上的博客文章，其中包含使用 Keras 的分步示例。

截至 2017 年 8 月，Apple、谷歌、微软、亚马逊和 Facebook 五大公司正在大量将 LSTM 添加到他们的产品中，用于语音，图像或自动翻译。

- Facebook 于 2017 年 8 月宣布，其正在使用 LSTM 进行翻译，每天高达 45 亿次或每秒超过 50 000 次。
- LSTM 还用于改进 Apple 的 Siri 和近 10 亿部 iPhone 的 QuickType。
- LSTM 已经学会了基于序列模型的生成序列创建亚马逊 Alexa 的答案。
- 基于 LSTM 的系统还学会了控制机器人、分析图像、汇总文档、识别视频和手写字符，运行聊天机器人和智能助手，预测疾病、点击率和股票市场，以及撰写音乐。
- 百度和其他亚洲公司也在大量使用 LSTM，它正渗透到现代世界。读者可能一直在使用 LSTM。其他的深度学习方法也被大量使用。下面是一个包含大量参考资料的概述页面：http://people.idsia.ch/～juergen/impact-on-most-valuable-companies.html.

3.7 生成模型

Richard Feynman(理查德·费曼)曾经说过，“我无法创建的东西，我就不理解。”能够生成数据远比简单的分类要强大得多。我们可能低估了我们的大脑包含了多少关于世界的隐性信息。我们知道重力总是把我们推倒，汽车不飞，物体不溶于稀薄的空气，等等。然而，在我们的日常生活中，这些知识中的大部分都被完全忽视了，如果我们想把它表达为规则，将面临困难，因为可能会有很多爆炸性的可能性。此外，大多数规则都有例外，更糟糕的是，其中一些规则可能会相互矛盾。

生成模型是实现这一目标最有希望的方法之一。要训练生成模型，首先要收集一些领域(图像、视频、声音)中的大量数据，然后训练模型生成类似的数据。所使用的神经网络被迫发现潜在的、压缩的数据表示，以便生成它。

生成模型假定有一组解释了观测数据 X 的潜在(未观察到)变量。潜在变量 z 的向量，可以根据一些概率密度函数 $P(z)$ 采样。然后假设有一个函数 $f(z;\theta)$，其中 θ 是参数向量。对于数据集中的每个 X，当 z 从 $P(z)$ 采样时，要优化 θ 使 $f(z;\theta)$ 以高概率产生如 X 的样本。从形式上来看，就是最大化了训练集中每个 X 的概率。

$$P(X)=\int P(X \mid z;\theta)P(z)\mathrm{d}z$$

式中：$P(X|z;\theta)$ 是 $f(z;\theta)$ 的分布形成的最大似然估计。

有几种类型的生成模型，Radford(雷德福)等人发明了深度卷积生成对抗网络(DCGAN，Deep Convolutional Generative Adversarial Network)[RMC15]。在工作中，该示例将从均匀分布(潜在变量)中抽取的 100 个随机数作为输入并输出图像(在这种情况下，生成的是 $64\times64\times3$ 图像)。随着代码逐步更改，生成的图像也会更改。这表明该模型已经学习了描述世界外观的特征，而不仅仅是记住一些例子。

读者可以在 http://shakirm.com/slides/DLSummerSchool_Aug2016_compress.pdf 上找到来自 Deepmind 的 Shakir Mohamed(沙基尔·穆罕默德)关于生成模型的演示以及来自 OpenAI 上的博客文章(网址为 https://blog.openai.com/generative-models/)。

3.7.1 变分自动编码器

变分自动编码器(VAE，Variational Auto-Encoder)是最简单的生成模型之一。

它是自动编码器[DOE16]的一个更高级的版本,在所学习的编码表示上添加了约束。它在变量 z 上学习了一个隐变量模型作为输入数据,在变量 z 上学习了一个从潜在变量近似采样的函数,使其成为一个可处理的问题。它不是让神经网络学习任意函数,而是学习概率分布模型的参数,即数据 $P(x)$。通过从潜在分布 $P(z)$ 中采样点,VAE 可生成与训练数据匹配的新输入数据样本。

该模型的参数通过两个损失函数进行训练:一个重建损失迫使解码后的样本匹配初始输入(就像一个正常的自动编码器),以及匹配学习的潜在分布和先前分布之间的 KL 散度,作为一个正则化项,使用重新参数化技巧;后一个术语可以排除,尽管它有助于学习形成良好的潜在空间,并减少对训练数据的过度拟合。读者可参阅 https://jaan.io/what-is-variational-autoencoder-vae-tutorial/上的教程,以及一些应用于 mnist 数据集的代码示例,网址为 https://blog.keras.io/building-autoencoders-in-keras.html 。

在 VAE 中,输出分布的选择通常是高斯分布。

$$P(X|z;\theta)=N(X|f(z;\theta),\sigma^2*I) \tag{3.11}$$

为了解这个方程,VAE 必须处理两个问题:如何定义潜在变量代表的信息,以及如何计算 z 上的难处理积分? VAE 处理第一个问题的方法只是假设没有对潜在变量的明确解释。第二个问题(由于潜在空间 z 的高维性而产生)在 VAE 框架中通过随机梯度下降来优化一个近似分布 $Q(z|X)$,该分布 $Q(z|X)$ 预测 z 的哪些值可能产生 X。VAE 给出了两者的答案。

VAE 与稀疏自动编码器不同,通常没有调谐参数;与去噪自动编码器不同,可以直接从 $P(X)$ 采样(不执行马尔可夫链蒙特卡罗(MCMC))。VAE 假设对 z 的维数没有简单的解释,而是假设 z 的样本可以从简单的分布中提取;换句话说,$N(0,I)$,其中 I 是单位矩阵。

变分自动编码器背后的关键思想是尝试采样可能产生 X 的 z 值并仅从它们计算 $P(X)$。假设 z 是使用概率密度函数 $Q(z)$ 从任意分布中采样的,而不是 $N(0,I)$。让我们尝试将 $E_{z\sim Q}P(X|z)$ 和 $P(X)$ 联系起来。

关联 $E_{z\sim Q}P(X|z)$ 和 $P(X)$ 的一种方式是从 $P(z|X)$ 和 $Q(z)$ 之间的 Kullback-Leibler 发散(KL 发散或 D)的定义开始。

$$D[Q(z)]\parallel P(z|X)]=E_{z\sim Q}[\log Q(z)-\log P(z|X)] \tag{3.12}$$

通过将贝叶斯规则应用于 $P(z|X)$,可以将 $P(X)$ 和 $P(X|z)$ 都加到该等式中。

$$D[Q(z)]\parallel P(z|X)]=E_{z\sim Q}[\log Q(z)-\log P(z|X)-\log P(z)]+\log P(X) \tag{3.13}$$

式中:$\log P(X)$ 超出预期,因为它不依赖于 z。重新安排并将 $E_{Z\sim Q}$ 的一部分收缩为 KL 散度项会产生以下结果:

$$\log P(X) - D[Q(z) \| P(z|X)] = E_{z\sim Q}[\log P(X|z) - D[Q(z) \| P(z)] \tag{3.14}$$

注意:X 是固定的,Q 可以是任何分布。我们感兴趣于推导 $P(X)$,使用 X 构建 Q 是合理的,其将写为 $Q(z|X)$,因此 $D[Q(z) \| P(z|X)]$会很小。

$$\log P(X) - D[Q(z) \| P(z|X)] = E_{z\sim Q}[\log P(X|z) - D[Q(z|X) \| P(z)] \tag{3.15}$$

该等式作为变分自动编码器的基础。从左侧开始,将最大化 $\log P(X)$,同时最小化 $D[Q(z) \| P(z|X)]$。$P(z|X)$不是可以分析计算的,它描述的值 z 可能会在图 3-10 中的模型下产生类似 X 的样本。然而,左边的第二项是 $Q(z|X)$以匹配 $P(z|X)$。假设使用 $Q(z|X)$的任意高容量模型,那么理想情况下,$Q(z|X)$实际上匹配 $P(z|X)$,在这种情况下,这个 KL 散度项将为零,可直接优化 $\log P(X)$。作为一个额外的好处,使难以处理的 $P(z|X)$易于处理了,可以使用 $Q(z|X)$来计算。

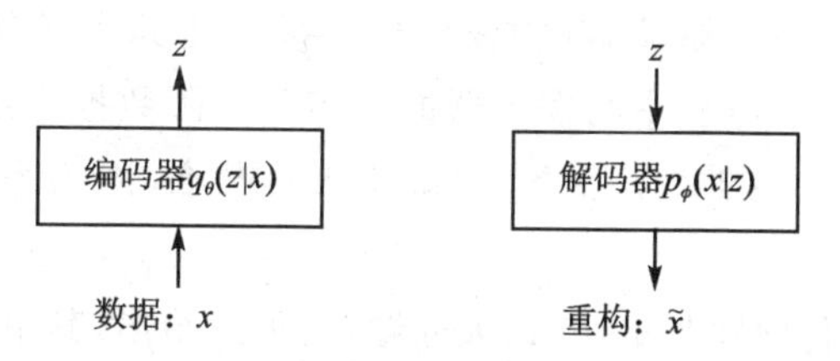

图 3-10　变分自动编码器中的编码器和解码器

(来源:Jaan AltoSaar blog)

因此,正如随机梯度下降的标准,可以取一个 z 的样本,把 z 的 $P(X|z)$作为 $E_{z\sim Q}[\log P(X|z)]$的近似。

需要优化的完整等式如下:

$$E_{X\sim D}\{\log P(X) - D[Q(z|X) \| P(z|X)]\}$$
$$= E_{X\sim D}\{E_{z\sim Q}[\log P(X|z)] - D[Q(z|X) \| P(z)]\} \tag{3.16}$$

可以从分布 $Q(z|X)$中采样单个 X 值和单个 z 值,并按如下方式计算梯度:

$$\log P(X|z) - D[Q(z|X) \| P(z)] \tag{3.17}$$

然后,可以在任意多个 X 和 z 样本上平均化此函数的梯度,结果将梯度化收敛到式(3.16)。

3.7.2　生成性对抗网络

生成网络是以一种无监督的方式进行训练的,因为没有生成数据的任何明确的所需目标,所以它们应该看起来尽可能真实。

以有监督的方式训练生成网络的一个有趣的方法是生成对抗网络。GAN(Generative Adversarial Network)于 2014 年由 Ian Goodfellow 等人提出[GPAM+14]。它们由一个鉴别器网络(对于图像来说是一个标准的卷积神经网络)组成,该网络经过训练,能够区分真实输入图像和由生成器(通常也是 CNN)生成的图像。这两个网络被锁定在最小-最大博弈中:鉴别器试图区分真实图像和假图像,而生成器则试图创建使鉴别器相信它们是真实的图像。最后,生成器网络创建的图像与真实图像不可区分。

生成器(G,Generator)尝试从绘制的数据中捕获模型,从而从随机噪声输入生成图像,而鉴别器(D,Discriminator)是试图区分真实数据(训练数据)和由生成器生成的传统 CNN,从而估计后验概率 $P(\text{Label}|\text{Data})$,其中标签为"假"或"真"。

在训练期间,鉴别器呈现出来自训练数据的真实图像和由 G 生成的假图像的混合,且其损失函数能正确地分离真假输入。两个网络都将不断优化并且训练将逐渐实现均衡。

GAN 训练是一种双人游戏,其中发生器将最小化其生成分布和数据分布之间的差异,而鉴别器试图区分样本与发生器的分布和实际数据样本。当鉴别器的表现不如随机猜测好时,发生器"获胜"。训练 GAN 很难,因为系统动力学常常偏离平衡。

基本 GAN 的优化问题是最小-最大问题,由下式给出,其中 V 是值函数,x 是观测值,z 是潜在变量。

$$[G_{\min}][D_{\max}]V(D,G)=E_{x\sim P_{\text{data}}(x)}[\log D(x)]+E_{x\sim P_z(z)}[\log(1-D(G(z)))] \tag{3.18}$$

最近引入了 Wasserstein(沃瑟斯坦)距离来测量两个分布之间的差异。Wasserstein 是一个更加一致的指标,并且已证明可以创造更好的收敛。有关更多信息,请参阅 https://casmls.github.io/general/2017/04/13/gan.html 。

图 3-11 描述了 GAN 创建后最近几年的论文累积数。

图 3-12 说明了 GAN 模型的主要构成模块。

图 3-13 显示了几种 GAN 模型在噪声生成空间图像的应用。

Makhzani 等人引入了对抗式自动编码器(AAE,Adversarial Auto-Encoder)的概念。AAE 是一种概率自动编码器,使用生成对抗网络进行变分推理,将聚集的后验与前验相匹配可以确保从前验空间的任何部分生成有意义的样本。AAE 可用于半监督分类、图像的分离样式和内容、无监督聚类、降维和数据可视化。

目前为止提出的所有类型的 GAN 的更新列表为 https://deephunt.in/the-gan-zoo-79597dc8c347 。

当几乎没有可用于训练的例子时,GAN 可以非常有效地进行数据增加和数据生成,从而避免了使用深度学习的困难。在最近的一项实验中(参见 https://arxiv.

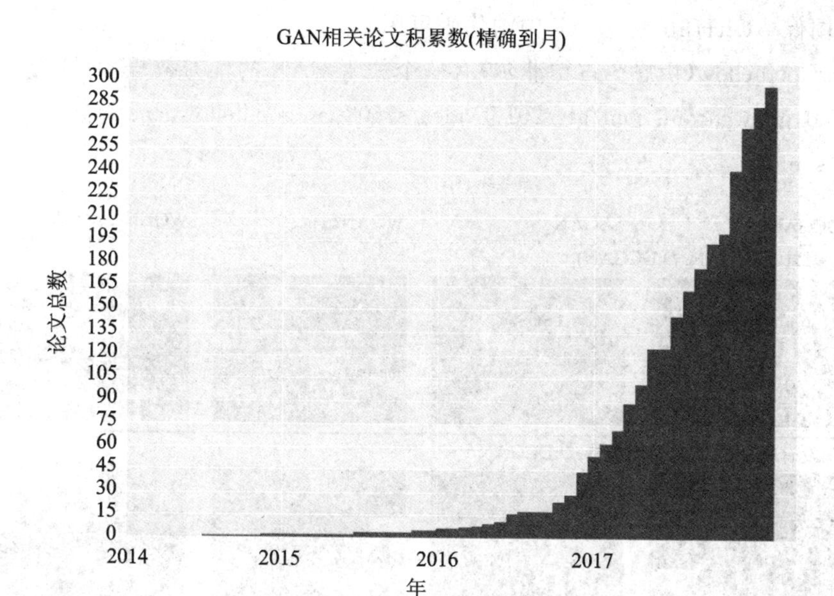

图 3-11 涉及 GAN 的累计论文数量

（来源：https://github.com/hindupurauraash/the-gan-zoo ）

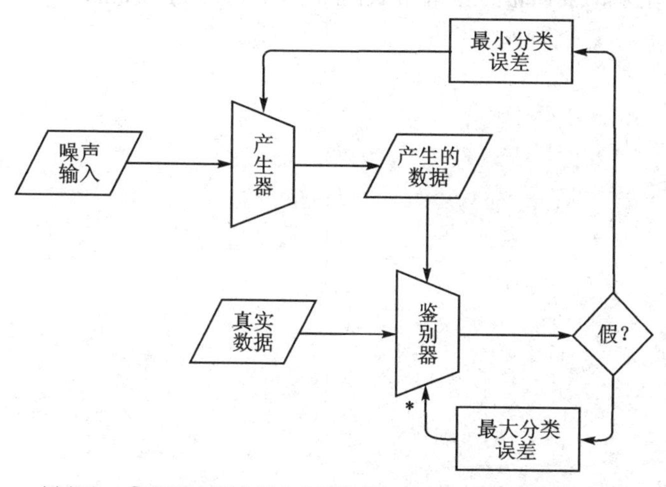

译者注：① 原英文图中最小分类误差与最大分类误差上下位置颠倒(本书已修正)；
② *箭头方向指向错误(本书已修正)。

图 3-12 GAN 模型

org/abs/1606.03498)，作者仅使用了 MNIST 数据集中 10 个数字中每个数字的 50 个示例来生成带有 GAN 的训练数据集，错误率为 1.5%，而使用原始 50 000 个例子的错误率为 0.5%。

从文本合成图像是 GAN(称为 stack GAN)的有趣应用，用于从文本描述生成鸟和花的图像。GitHub 上 Torch 中的代码可用。

Ian Goodfellow(伊恩·古德菲尔)有一个关于 GAN 的优秀教程,网址为 http://ondemand. gputechconf. com/gtc/2017/video/s7502-ian-goodfellowgenerative-adversarial-networks. mp4。

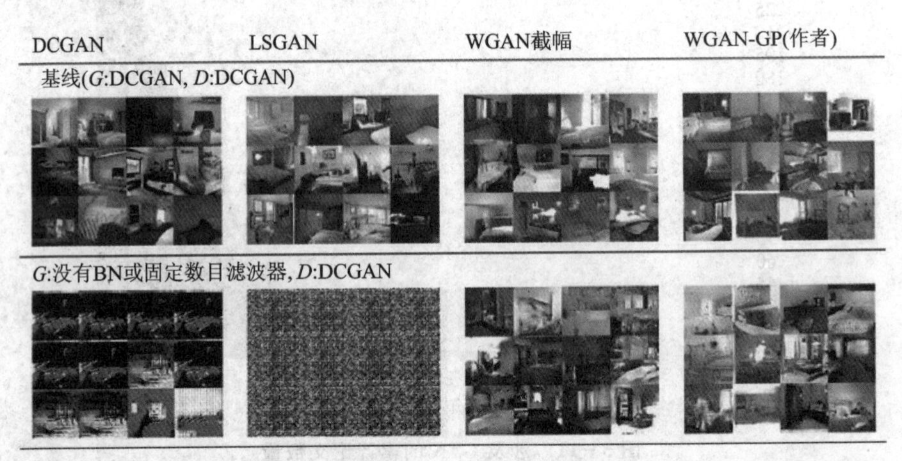

图 3-13 几种类型带有噪声的 GAN 生成房间

(来源:https://casmls. github. io/general/2017/04/13/gan. html)

第二部分

深度学习：核心应用

第4章　图像处理

深度学习(DL)影响最大的领域可能是图像处理。软件可以用人工神经网络模拟大脑皮层的梦想已经有几十年的历史了,这导致了许多失望和突破。人类视觉感知系统即使在嘈杂的环境中,或在几何变换或背景变化下,也能获得显著的目标识别性能。多年来,计算机视觉界一直试图以有限的成功来复制这种惊人的能力。有关深层神经网络图像处理演变的广泛综述,请参阅 *Deep learning for visual understanding*:*A review*(深层学习视觉理解:综述),网址为 www.sciencedirect.com/science/article/pii/S0925231215017634。

然而,DNN 的最新进展,特别是使用卷积神经网络,导致了图像处理的革命,达到(甚至超过)了人类水平。最近,Cadieu 等人的工作[CHY+14]表明,DNN 在挑战视觉对象识别任务中的表现与灵长类动物颞下皮质(IT)中的性能相当。这些作者声称,"这些 DNN 是否依赖于类似于灵长类视觉系统的计算机制尚待确定,但是,与所有以前的生物启发模型不同,这种可能性不能仅仅基于代表性表现的理由而排除。"在复杂的视觉系统中,我们现在有了可以与人脑相媲美的人工模型。此外,Eberhardt 等人在 *How Deep is the Feature Analysis underlying Rapid Visual Categorization?*(快速视觉分类的特征分析有多深,网址为 http://arxiv.org/abs/1606.01167)比较了 CNN 与人类的性能,表明 CNN 在快速视觉识别上可以达到超人的性能。

4.1 节将展示深度学习在图像处理方面的一些应用。图 4-1 总结了 DNN 体系结构。

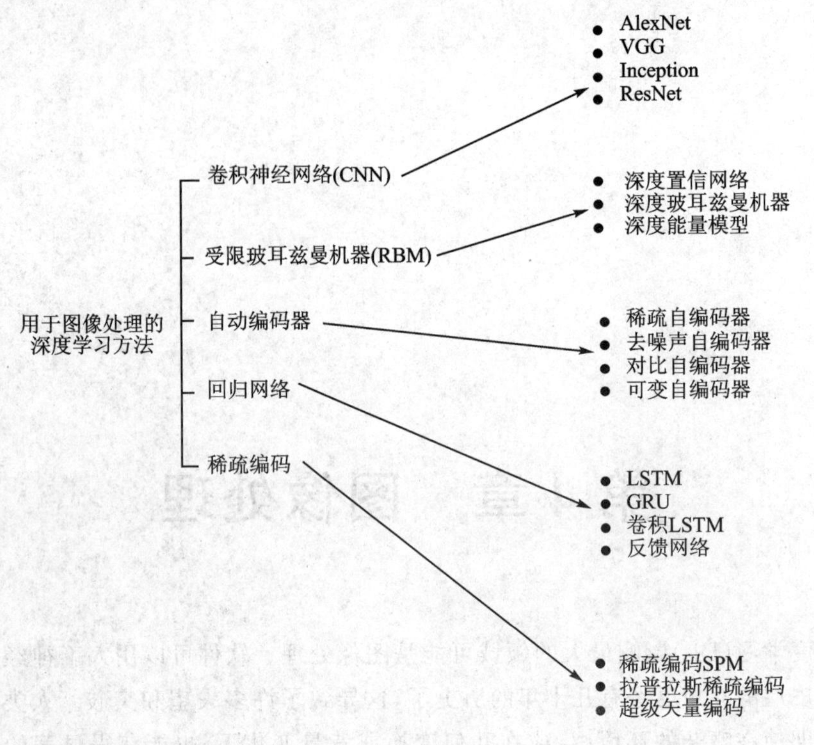

图 4-1 用于图像处理的 DNN 架构汇总

4.1 CNN 图像处理模型

CNN 是最早受哺乳动物视觉皮层启发的深度学习模型之一。LeCun(杨乐昆)[LBD+89]表明手工特征提取可以用神经网络指定的 CNN 代替。CNN 在手写数字识别(MNIST)数据集方面取得了相当大的成功,而 LeCun 在 1995 年表明 CNN 优于所有传统的机器学习方法,例如逻辑回归、主成分分析或最近邻算法。

CNN 已经迅速适应并取代了传统的图像处理技术,成为所有计算机视觉问题的事实上的标准方法。他们也在积极研究和应用到其他领域,如语音、生物医学数据,甚至文本。

CNN(也称为 ConvNets)充分利用了输入的空间特性,是人工神经网络的变体。CNN 不是像常规神经网络那样堆叠线性层,而是使用空间滤波器处理三色通道,相关概念如下:

- 局部感受区:与 MLP 不同,CNN 在一层中没有神经元连接到下一层中的所有神经元。CNN 有一组过滤器,用于局部区域,可以实现输入图像二维区域的小型连接,称为局部感受区域。这极大地减少了网络中所需的连接数量并降低了计算复杂性。接收域字段的典型值是 5×5。步幅是控制局部感受区在图像上的滑动参数，并且是一次移动感受区（通常是两个或三个）的像素的数量。感受的区域和步幅都控制输出体积的空间大小。

- 共享权重和偏差：CNN 对每个隐藏神经元使用相同的权重和偏差。通过共享权重，网络被迫在图像的不同区域学习不变特征。因此，层中的所有神经元都检测到相同的特征，但是在图像中的不同位置。这使得 CNN 的平移不变性成为图像处理的关键特征。一旦检测到图像中的特征，该特征的位置就变得无关紧要。定义特征图的这些权重称为内核或过滤器。要执行图像识别，需要几个特征图，卷积层由几个不同的特征图组成（通常使用数十个特征图）。同样，共享权重和偏差有助于减少网络需要学习的参数数量，并降低过度拟合的可能性。
- 池化层：池化层是卷积层后通常使用的一个层。它们通过执行应用于每个特征图的统计聚合函数（通常是平均值或最大值）并通过生成压缩特征图来汇总来自卷积层的信息。前向传播评估激活，后向传播计算来自上层和局部的梯度，以计算层参数的梯度。总的来说，CNN 利用卷积、池化和 dropout 的正则化特性大大减少了可训练参数的数量和过度拟合的风险。批量标准化等新技术可减少内部协方差转换，有助于顺利学习。最后，使用整流线性单元（ReLU）或 Leaked ReLU 激活有助于加速训练并避免神经元饱和。整个 CNN 网络可以使用反向传播算法进行梯度下降训练。

LeNet5 是第一个强大的 CNN，其特点可以概括为：具有卷积和聚集层序列的卷积神经网络；卷积以利用地图的空间平均值和多层神经网络（MLP）作为最终分类器（完全连接层）从子样本中提取空间不变特征，以及层间的稀疏连接矩阵（权重分担），避免了较大的计算成本，减少了过度拟合。

完整的 CNN 是通过叠加多个卷积层（每个卷积层具有特征图平面和局部接收场）形成的。为了提高变换和畸变的不变性，增加了子采样层作为规整器。早在 20 世纪 90 年代，深层网络的性能就明显提高了，但当时我们缺乏必要的数据和计算资源。

图 4-2 表示用于语义分段学习的反卷积网络。

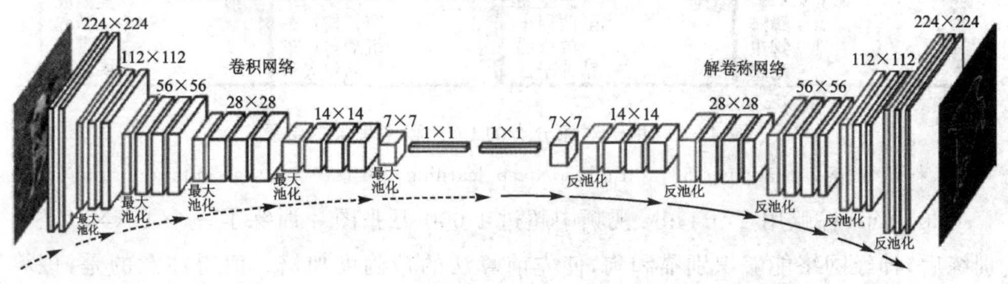

图 4-2 用于图像分割的全卷积神经网络的示例

（来源：https://handong1587.github.io/deep_learning/2015/10/09/segmentation.html）

4.2 ImageNet 及其他

2009 年 ImageNet 数据集发布，该数据集包含超过 1 500 万个高分辨率图像，这些图像被标记为超过 22 000 个类别。2012 年，Krizhevsky 等人[AIG12]率先使用图形处理器单元(GPU)快速实现 CNN，CNN 包含多达 65 万个神经元和 6 000 万个参数(相比之下，Lenet5 有 6 万个权重)，以仅 15.3%的前五个错误率获胜。这比最先进的方法要好得多，当时达到了 26.2%。除了使用更大的数据集和更大的网络之外，这些作者还使用了积极的正则化技术来避免过度拟合，例如数据增强(在形状、旋转和颜色中应用轻微的扭曲)和 dropout 以缩小神经元的共适应。最新的技术允许单个神经元在不依赖其他相邻神经元的情况下学习更强大的特征。

用无监督目标函数逐层贪婪地预训练神经网络是另一种常用的避免过度拟合的方法，特别是对于 RBM。这种想法背后的直觉是，无监督训练将根据神经网络使用的数据的实际统计特性(例如，对象图像、人类语言等)为神经网络提供一个很好的权重初始化，而不是随机初始化，而随机初始化往往陷入较差的局部极小值中。网络可以在有监控的任务(如对象识别)上进行微调。从数学上讲，CNN 将原始高维图像转换为低维特征向量表示。这样，一个好的 CNN 模型也可以作为图像的一个很好的特征抽取器，并且生成的图像可以用于更复杂的任务。图 4-3 显示了对象分类的 CNN。

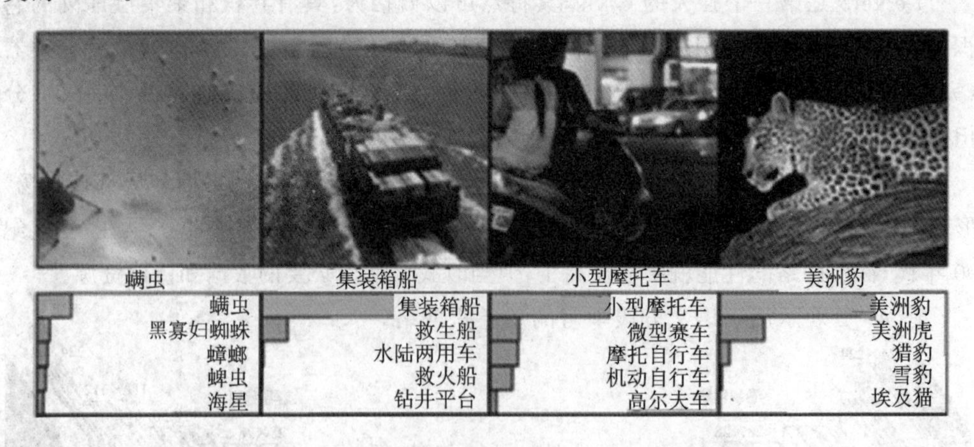

图 4-3　用于对象分类的 CNN 和密集层的结果

(来源：https://handong1587.github.io/deep_learning/2015/10/09/segmentation.html)

2012 年，谷歌用 YouTube 视频中超过 1 000 万张图片训练了一个 DNN。经过训练后，神经网络能够识别猫和狗，使先前算法的精确度加倍。值得注意的是，该算法大多是无监督的。没有为图像提供人类标签。神经元不仅能识别猫和狗，还能识别人脸、黄花和其他常见物体。该算法对 YouTube 图片中的对象进行了分类(其中 22 000 个类别),其精度比以前的方法高 16%~70%。它可能并不令人印象深刻,但它是一项挑战性的任务,因为它包含许多相似的物体。当分类数减少到 1 000 时,精确度增加到 50%。

2013 年,Zeiler 提出了 CNN 模型(https://arxiv.org/pdf/1311.2901.pdf)更易于理解且易于校准,在 ImageNet 数据集上实现了 12.4%的最高性能。2014 年,谷歌推出了 Inception5(谷歌 LeNet),一个深度 CNN 模型(带有 20 层)赢得了 ImageNet 比赛,错误率仅为 6.7%。这项工作表明使用深度模型从图像中抽象出更高级别的特征的重要性。

2015 年末,微软团队在 ImageNet 上实现了超人的性能,错误率仅为 3.7%,网络名为 ResNet(用于残差网络)。论文 *Deep Residual Learning for Image Reconition*(《深度残留学习图像识别》)(https://arxiv.org/abs/1512.03385)在 MS COCO 数据集上获得了最先进的结果(该代码可在 GitHub 上获得)。MS COCO 是一个具有两大挑战的众所周知的数据集:任务分类(通过错误率评估)和图像标题生成(通过 BLEU 评分评估)。

ResNet 基于一个简单的想法:提供两个连续卷积层的输出,绕过输入到下一层。绕过单个层没有提供太多改进,而两个层可以被视为分类器本身。该团队能够训练多达 1 000 层的网络[HZRS15]。图 4-4 显示了 ImageNet 数据集中人类和深度网络分类性能的比较。

$$X_{l+1} = x_l + F(x_l)$$

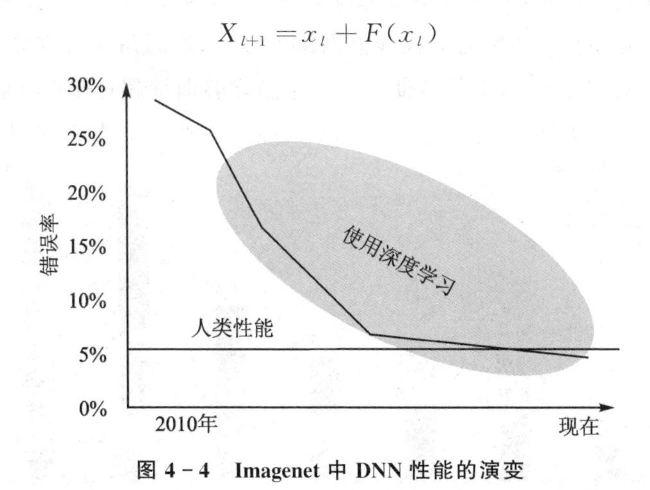

图 4-4 Imagenet 中 DNN 性能的演变

(来源:https://www.excella.com/insights/top-3-most-popular-neural-networks)

ResNet 在输入层使用一个 7×7 的 conv 层,后面是两个池化层,这与 Google 团队在 Inception V3 和 V4 中使用的更复杂的格式不同。读者可参见 www.sciencedirect.com/science/article/pii/S0925231215017634。

在 ResNet 中，输入被并行地送入多个模块，每个模块的输出被串行连接。ResNet 可以被认为是在较小深度层（十分之一层数）的块中运行的并行/串行模块的集成机。

图 4-5 说明了残差学习的公式，残差学习可以通过具有“快捷连接”的前馈神经网络实现。

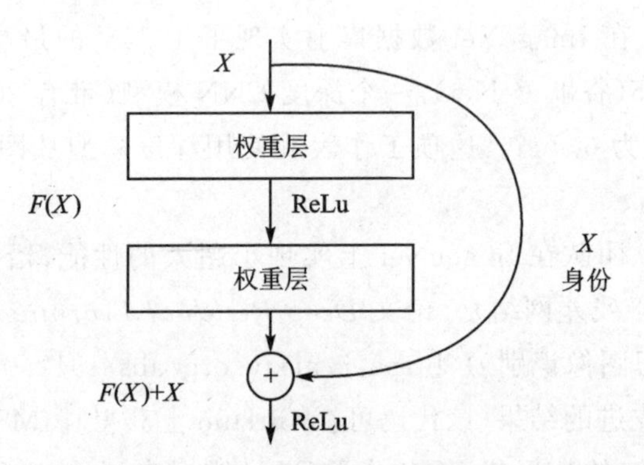

图 4-5 残差网络的体系结构

（来源：https://arxiv.org/abs/1512.03385）

Huang 等人已经提出了 ResNet 的变体，他们称为具有随机深度的 DN [HSL+16]。这个想法是从非常深的网络开始，并且在训练期间，随机丢弃一个层的子集并将它们与每个小批量的身份函数连在一起。简化的培训可加快融合速度并提高性能。在 CIFAR-10 基准测试中，该团队能够实现 4.91%的最新测试误差。

Shen 等人提出了一种称为加权残差网络的技术，以缓解训练非常深的网络的问题以及 ResNet 与 ReLU 的不兼容性[SZ16]。他们能够训练超过 1 000 层深度的网络。图 4-6 显示了自 2010 年以来，关于 ILSVRC 挑战数据集分类性能对应于深度网络

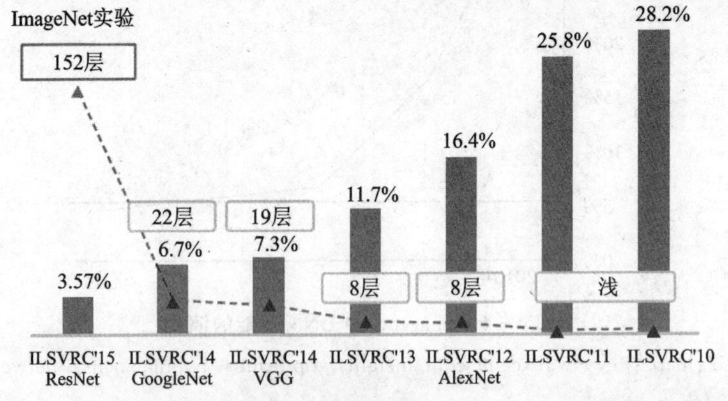

图 4-6 几个 CNN 架构的准确性与大小的比较

（来源：https://icml.cc/2016/tutorials/icml2016_tutorial_deep_residual_networks_kaiminghe.pdf）

深度大小的演变。

Srivastava(斯里瓦斯塔瓦)等人[SGS15]提出了一种新的架构,旨在简化基于梯度的深度网络训练,称为高速公路网络,因为它们允许无阻碍的信息流经“信息高速公路”上的多个层。该体系结构的特点是使用门控单元,学习通过网络调节信息流。他们表明,可以使用 SGD 直接训练具有数百层的高速公路网络。

4.3 图像分割

图像分割是图像处理和计算机视觉的关键组成部分,它包括将图像划分为共享一些共同特征的数字段或簇。图像分割算法的种类很多,最基本的算法是阈值分割。

阈值分割尝试根据一定标准的阈值自动确定最佳类,并根据聚类前的灰度级使用这些像素。区域增长通过组合具有相似属性的像素来形成区域;它类似于 k 均值(k - means)。边缘检测分割使用灰度像素的不同区域或颜色的不连续检测区域。

所有这些技术的性能都相当有限,用于图像分割的最后且最强大的算法基于CNN。这是一个监督问题,其目标是为图像中的每个像素分配一个标签,并将其视为分类问题。它由三部分组成:用一些对象获取输入图像,呈现相应的分割掩模,训练算法以最小化交叉熵。

全卷积网络(FCN)是最常用的图像分割架构。FCN 由卷积层组成,在网络末端没有任何完全连接(密集)的层。作为输出,呈现相应的分割掩模并包含图像中每个像素的注释。全卷积网络在任何地方学习过滤器,包括网络末端的层(图像分割)。

FCN 基于本地空间输入来学习,附加完全连接的层使网络能够捕获全局信息,并且在图像分割任务中取得了成功。

用于分段的常见 FCN 是 U 形网络架构,如图 4-7 所示。它由下漏斗路径(左侧)和扩展路径(右侧)组成。左侧是典型的卷积网络体系结构,包括重复应用 $k\times k$ 卷积,每个卷积后跟一个整流线性单元(ReLU),对于漏斗路径,使用步幅为 2 进行 2×2 最大池化操作。每个步骤使特征通道的数量加倍。扩展路径中的每一步都包括对特征映射进行上采样,然后进行 2×2 卷积,将特征通道的数量减半;与左路径中相应裁剪的特征映射串联;2 个 3×3 卷积,每个卷积后跟一个 ReLU。由于每个卷积中边界像素会丢失,因此需要裁剪。在最后一层,使用 1×1 卷积将每个 n 特征向量映射到所需数量的类,有关更多信息,请参阅 https://arxiv.org/abs/1505.04597。U 形网络的缺点是它们包含混合信道。

与卷积层相比,扩张卷积使用额外的参数——扩张率,这定义了内核中值之间的间距。扩散率为 2 的 3×3 内核与 5×5 内核具有相同的视野,仅使用 9 个参数,以相同的计算成本提供了更广泛的感受野。扩张卷积对于实时分割是常见的,因为它

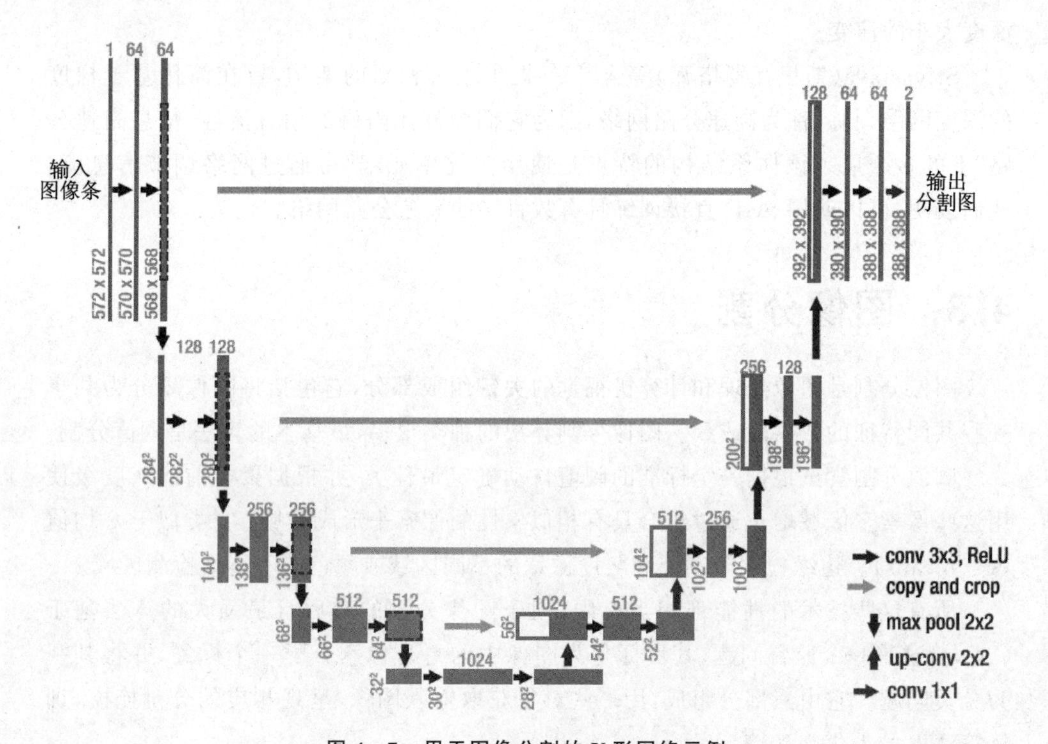

图 4-7 用于图像分割的 U 形网络示例

（来源：http://juliandewit.github.io/kaggle-ndsb/）

们具有较少的计算成本。如果不使用多个卷积或更大的内核，那么它将是更广泛的感受野的自然选择。

4.4 图像标题

符号接地问题，或如何将意义纳入符号，是非常古老的。John Searle（约翰·塞尔）提出的关于中国著名房间的论点基本上是这样的："人类怎么样将内部符号与它们所指的外部对象联系起来？"对于 Searle 来说，"意义"不能简化为一组有限的基于规则的计算，例如，大脑将图像与图像联系起来的方式不能被计算机复制。然而，最近关于结合 CNN 和 RNN 的图像和视频自动文本捕获的工作已经挑战了这种怀疑并帮助解决了这个难题。图 4-8 比较了 CIFAR-10 数据集中普通网络和 ResNet 的性能。

循环神经网络（RNN）最近被用来成功生成句子来描述图像，其训练集是成对的图像对应字幕[KFF17]。Vinyals（维涅尔斯）等人[VTBE14]介绍了使用卷积神经网络对图像进行编码，然后应用 LSTM 对其进行解码并生成文本的想法。Mao 等人[MXY+14]独立开发了类似的 RNN 图像字幕网络，并在 Pascal、Flickr30K 和 COCO 数据集上

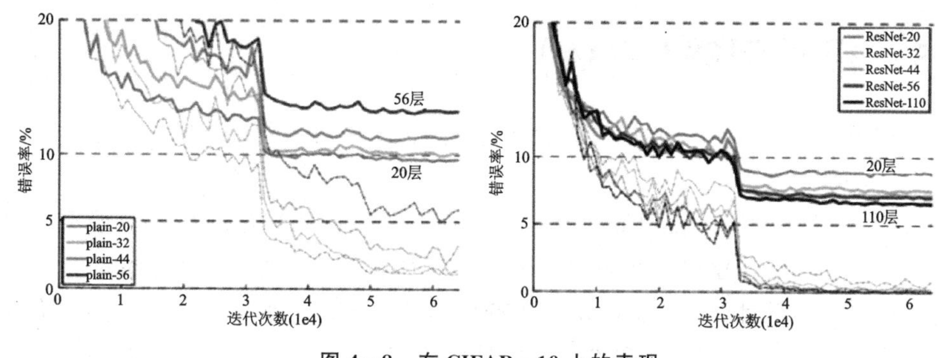

图 4-8　在 CIFAR-10 上的表现

(来源:https://arxiv.org/pdf/1512.03385.pdf)

实现了最先进的结果。

Karpathy 和 FeiFei [KFF17] 使用卷积网络对图像进行编码,同时使用双向网络关注机制和标准 RNN 来解码字幕,使用 Word2vec 嵌入作为字表示。他们考虑了全图像字幕、捕获图像区域和文本片段之间对应关系的模型。可以通过 https://github.com/tylin/coco-caption 访问有关图像标题的神经网络的更多资源。图 4-9 显示了提交给 ImageNet 挑战的网络单次前向传递所需的最丰富的准确性与操作量(从最左侧的 AlexNet 到最佳性能的 Inception-v4)。

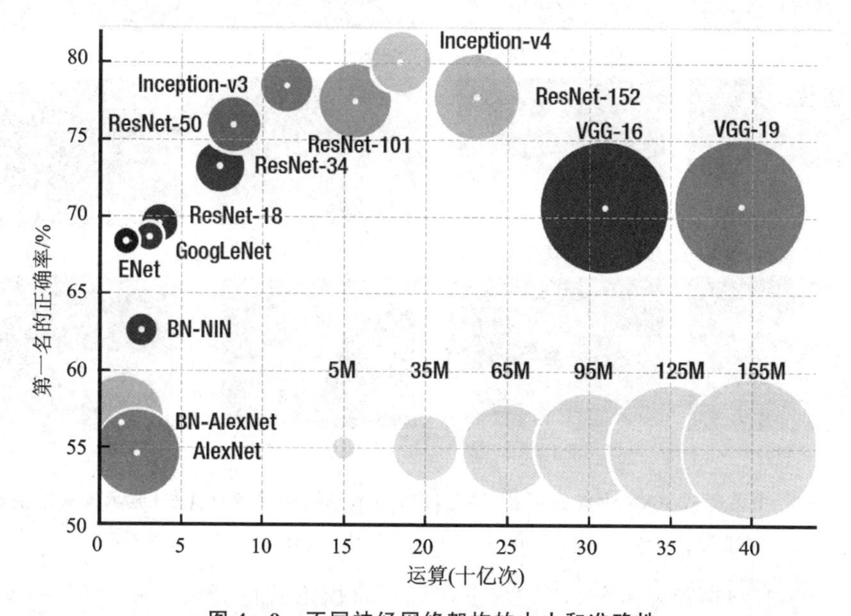

图 4-9　不同神经网络架构的大小和准确性

(来源:https://arxiv.org/abs/1605.07678)

4.5 视觉问答(VQA)

查询图像的内容是一项具有挑战性的任务,需要能够将单词与图像绑定的语义知识。

H. Gao 等人[GMZ+15]使用了一种将语言模型与 CNN 相结合的模型,该模型学习图像嵌入的表示以创建视觉问题和答录机。机器学会回答关于图像内容的自由式问题。通过最小化对训练集上给出的正确答案的损失函数来训练模型。为了降低过度拟合的风险,作者在第一和第三组中的 LSTM 之间引入了嵌入层的权重共享。该模型通过 mechanical Turk 方法训练了大约 158 000 张图像和 316 000 个中文问答。鉴于任务的复杂性,该模型取得了相当大的性能。图 4-10 显示了由深度神经网络生成的图像的描述结果,该神经网络在得出它们之间的关系之前首先是识别图像的元素。

图 4-10　由多模式 ANN 生成的标题,绿色(左)显示好的标题,红色(右)显示失败的情况

(来源:https://cs.stanford.edu/people/karpathy/cvpr2015.pdf)

AgraWal(阿格拉瓦)等人[AAL+15]也接近了自由形式的开放式视觉问答(VQA)问题,并创建了一个包含大约 250 000 张图像的数据集,760 000 个问题,以及 1 000 万个答案。其服务网址为 www.visualqa.org。最好的模型,称为 LSTM-Q(也是 CNN 和 LSTM 的组合),能够在许多类型的问题中实现非凡的准确性,例如"它是什么?”“多少?”“什么动物?”“谁?”有时它非常接近人类的表现,就像在“有吗?”问题,算法的准确率为86.4%,而人类的准确率为96.4%。图4-11显示了将语言模型与CNN相结合的模型,该模型学习图像嵌入的表示以创建视觉问题和答录机。两个LSTM的单词嵌入层中的权重矩阵(一个用于问题,一个用于答案)。

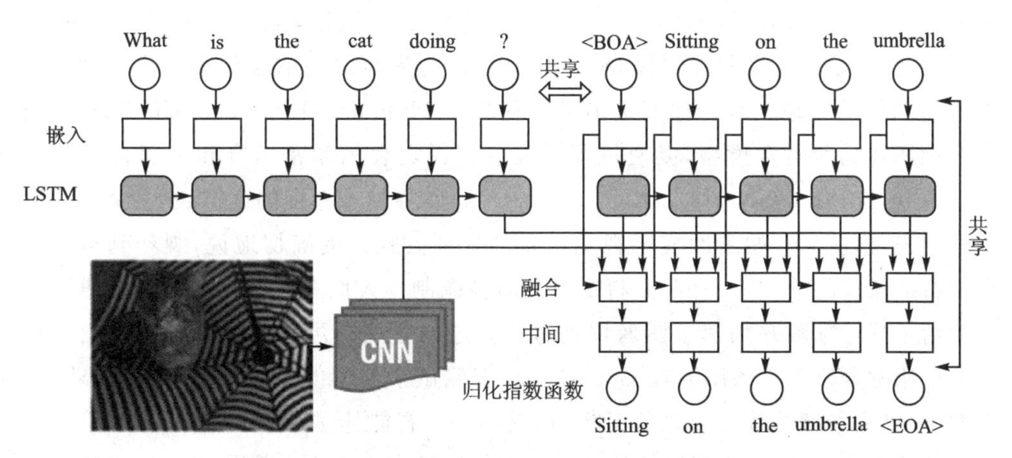

图4-11 结合LSTM训练的CNN文本和CNN图片

(来源:https://arxiv.org/pdf/1505.05612.pdf)

Noh等人[NSH15]使用动态参数层训练卷积神经网络,动态参数层的权重是基于问题自适应确定的,并使用单独的参数预测网络,该网络由带有问题作为输入的门控循环单元(GRU)和产生集合的完全连接层组成,候选的权重作为其输出。他们还使用散列技术来降低复杂性,并使网络在所有可用的公共基准上声称具有最先进的性能。图4-12展示了一种新的端到端序列到序列模型,用于生成视频的标题。

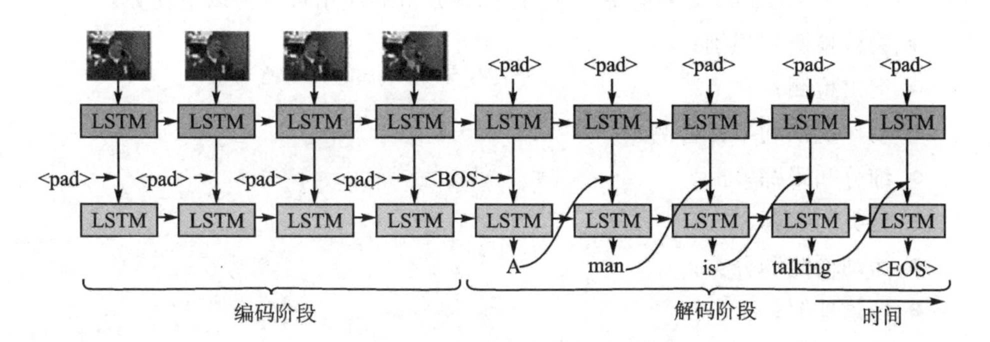

图4-12 用于视频描述的序列到序列模型

(来源:https://vsubhashini.github.io/s2vt.html)

前面已经提出了几种模型用于序列到序列处理,组合了文本、图像和视频。相关范例请参阅 https://vsubhashini.github.io/s2vt.html。所有这些方法都使用具有 CNN+LSTM 或 GRU 的编码器-解码器的模型来创建连接嵌入并从视频生成图像和字幕。

Cadene(卡代纳)等人最近发布了一个 GitHub 存储库(https://github.com/Cadene/vqa.pytorch),带有 VQA 的实现(代码在 Pytorch 中)。Multimodal Tucker Fusion for VQA(MUTAN)项目的作者声称 VQA-1 数据集具有最先进的结果。

蒙特利尔大学、里尔大学和 DeepMind 的研究人员之间的合作得到了一种结合语言与图像的有趣结果。他们提出了一种名为 MOdulated RESnet(MORES)的技术来训练视觉和语言模型,以便将词语表示与视觉表示紧密结合和训练(https://arxiv.org/pdf/1707.00683.pdf)。现在,神经科学界越来越多的证据表明:文字设置了视觉先验,从一开始就改变了视觉信息的处理方式。更确切地说,观察到与低级视觉特征相关的 P1 信号在听到特定单词时被调制。人们在图像之前听到的语言提示激活了视觉预测并加速了图像识别过程。这种方法是可以应用于其他多模式任务的通用融合机制。该团队在 GuessWhat 上测试了他们的系统,这是一个游戏,其中两个 AI 系统呈现出丰富的视觉场景,其中一个智能体是一个 Oracle,专注于图像中的特定对象;而另一个智能体的工作是在找到正确的实体之前向 Oracle 询问一系列问题(是/否)。他们发现 MORES 在基线算法实现方面增加了 Oracle 的得分。

4.6 视频分析

视频已成为最常见的视觉信息来源之一。互联网上可用的视频数据量非常诱人,观看一天内上传到 YouTube 的所有视频需要 82 年以上的时间。因此,自动分析和理解视频内容的工具至关重要。DL 在视频分析的应用可分为以下任务:

- 物体检测和识别;
- 突出检测;
- 动作识别和事件检测;
- 细分和跟踪;
- 分类和字幕;
- 运动检测和分类;
- 场景理解;
- 事件检测和识别(动作、手势);
- 人物分析(面部识别、姿势分析等);
- 对象跟踪、分割行为识别和人群分析。

DNN 对视频处理产生了巨大影响,这是一个以时空高维数据为特征的复杂问题。来自序列数据的表示的神经网络监督学习具有许多优点,但捕获序列数据的判别行为是一个具有挑战性的问题。

在文献[DHG+14]中，Donahue(多纳休)等人研究了具有RNN的CNN模型，并提出了一种用于端到端大规模视觉挑战任务的循环卷积架构，例如活动识别、图像字幕和视频描述。该模型偏离固定的视觉表示，并能够在空间和时间学习构图表示。该模型是完全可区分的RNN，能够学习长期依赖性。这很有吸引力，因为它可以将可变长度的视频映射到自然语言文本。该模型采用反向传播进行全面训练。作者表明，该模型可以为判别性或生成性文本生成任务取得良好效果。他们在包含44 762个视频/句子对的TACoS多级数据集上评估模型，获得BLEU的得分为28.8。

Fernando(费尔南多)等人[FG16]最近使用一种方法来联合学习使用CNN对视频进行分类视频场景的判别动态表示。他们提出了一种时间编码方法用于卷积神经网络视频序列分类任务，在端到端学习中使用CNN架构之上的池层。与传统的排名池方法相比，它们在UCFsports数据集上的性能提高了21%，在Hollywood2数据集上提高了9.6 mAP。模型参数可以在几毫秒内更新，允许每秒处理多达50帧图像。

在文献[VXD+14]中，作者还结合了CNN和LSTM，共同学习视频和文本的嵌入，以生成视频的自动注释。由于缺乏数据集，作者依赖于照片注释数据并使用了知识转移技术。他们在主题、动词和对象(SVO)指标上取得了很好的准确性，但仍然与人类水平相距甚远，这可能是因为缺乏训练数据。

Zhu等人[ZKZ+15]开发了一种算法，使书籍故事与各自的电影保持一致。其目的是为视觉内容创建丰富的叙述，而不仅仅是字幕。为了实现这一点，他们使用神经网络来嵌入来自图书语料库的句子和视频-文本神经嵌入来计算电影片段和书中的句子之间的相似性，从而将电影和书籍对齐。描述为上下文感知CNN的方法被应用于由11本书和相应电影组成的MovieBook数据集，而使用基于LSTM的文本编码器和视频CNN对11 038本书中的单词嵌入进行训练。结果非常有趣，证明了DL能够在理解复杂问题方面找到新的基础，这在几年前是不可想象的。

然而，所有这些基于CNN-RNN/LSTM的模型都具有大量参数来捕获序列信息。因此，这些方法非常耗费数据，需要大量的培训标记示例。获取视频的标签数据比静态图像更昂贵，并且可能需要一些扩展或生成标签的技术(可以选择循环GAN之类的生成模型)。

用于编码视频序列数据的最直接的基于CNN的方法是在视频帧上应用时间最大池化或时间平均池化。然而，这些方法不能捕获视频序列的任何有价值的时变信息。例如，帧的任意重新排列可以使用池化方案产生类似的表示。

近年来，人们对卷积LSTM进行视频预测有着相当大的兴趣。Lotter使用卷积LSTM进行无监督视频预测(下一个视频帧的预测)；代码(在Keras中)和结果在Github中，见Prednet (https://coxlab.github.io/prednet/)。结果令人鼓舞，因为这是一个完全无人监督的模型。其思想是将卷积看作一个动态过程，然后像任何时间过程一样训练成一个序列到序列模型。唯一的缺点是计算时间（LSTM是计算非常密集的层）。然而，它仍然优于视频像素网络（https://arxiv.org/pdf/1610.00527v1.pdf），后者声称准确度更高，但计算成本更高。这些类型的网络正在积极应用于自动驾驶汽车，因为事件预测是增加响应时间和使这些系统更具预测性和反应性更低的关键。

视频使用量呈指数级增长，仅英国就有超过400万部闭路电视，用户每分钟向YouTube上传超过300小时的视频。分析视频是一项计算密集型任务，因为需要查询、检测异常事件或筛选长视频。用于对象检测的最先进方法运行在最先进的GPU上以10～80帧/秒的速度运行。这对于一个视频来说很好，但是对于大规模的实际部署来说这是站不住脚的。把这个计算开销在具体场景中考虑，仅用硬件就需要花费超过50亿美元来实时分析英国的所有视频监控。

斯坦福大学的一个研究小组提出了一种称为NoScope的方法，与目前的方法相比，NoScopee可以更快地处理视频源。关键的洞察是视频是高度冗余的，包含大量的时间位置（即时间上的相似性）和空间位置（即场景中外观上的相似性）。他们的查询速度提高了100倍，具体实现请参见https://arxiv.org/pdf/1703.02529.pdf。

最近的一次Kaggle（https://www.kaggle.com/c/youtube8m）竞赛要求参赛者建立一种算法，将800万YouTube视频（45万小时）分为4 716个类。本文介绍了一种获得第三名的方法*Temporal Modeling Approaches for Large-scale Youtube-8M Video Understanding*（https://arxiv.org/pdf/1707.04555.pdf）。他们使用双向注意的LSTM编码（视频和音频）在PaddlePalddle百度框架上实现。

自动视频摘要（AVS）是帮助人们在不丢失重要信息的情况下紧凑地表示视频的关键。最新的工作主要集中在监督学习技术上。视频摘要是结构化预测问题：摘要算法的输入是视频帧序列，输出是指示是否正在选择帧的二进制向量。对于视频摘要，相互依赖性是复杂且高度不均匀的，因为人类依赖于对视频内容的高级语义理解，通常在查看整个序列之后以决定是否应该在摘要中保留帧。在许多情况下，视觉上相似的帧不必在时间上接近。Zhang等人[ZCSG16]提出了一种监督视频摘要的方法，该方法使用LSTM递归神经网络自动选择关键帧或关键子照片来模拟可变范围依赖性。他们在两个基准视频数据集（SumMe和TVSum）上取得了最先进的成绩，得分为41.8和58.7。他们还引入了一种技术，通过利用辅助注释视频数据集的存在来规避一些注释数据的存在，尽管它们包含不同的视觉风格和内容。

语义视频检索的技术很多，相关内容可参见http://ieeexplore.ieee.org/abstract/document/7947017/。

4.7 GAN和生成模型

如前所述,生成对抗网络(GAN)已经彻底改变了图像处理的神经网络领域。这项工作[vdOKV+16]使用PixelCNN架构来探索使用新的图像密度模型生成条件图像的想法。生成模型可以任何向量为条件,包括标签。作者根据ImageNet数据集的类标签对模型进行了调整,并能够生成表示对象、景观、动物和结构的各种真实场景。如果模型以嵌入向量(可以从训练有素的CNN中提取)为条件,则从一张脸的独特输入图像中,它可以生成具有不同面部表情、照明条件和姿势的同一个人的各种新肖像,如图4-13所示。

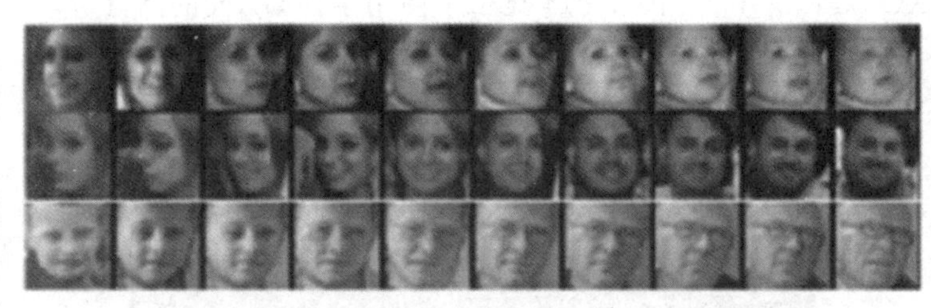

图4-13 PixelCNN生成在左右之间插值的图像,注意转换的平滑性

(来源:https://arxiv.org/pdf/1606.05328.pdf)

在*Learning Deep Feature Representations with Domain Guided Dropout for Person Re-identification*(https://arxiv.org/pdf/1604.07528v1.pdf)中,作者使用多个领域的数据集训练神经网络,使提取的特征尽可能通用。作者开发了一个多领域的学习管道,用于识别在不同监控摄像机之间移动的人。领域偏向神经元使得CNN成为区域针对性的。域引导的退出根据每个神经元在该域上的有效性为每个域分配一个特定的退出率,从而产生相当大的改进。

在文献[MZMG15]中,他们展示了如何处理图像标记中的人(主观判断),即不使用一致的词汇并且缺少图像中存在的大量信息。他们使用算法将人类报告偏差与正确的视觉接地标签分离,使用一个网络来表示对象,另一个网络表示相关性。例如,带有一堆香蕉的图像可以(正确的)注释为黄色但缺少内容。他们提供了相对于传统算法在图像分类和图像字幕方面有显著改进的证据,在某些情况下将现有方法的性能提高了一倍。

如http://robots.stanford.edu/cs221/2016/restricted/projects/rak248/final.pdf上的文章,该团队介绍了一个有趣的graphlets概念,用于编码图像的语义。这些小图可用于编码句子的语义,允许图像和句子之间的语义比较,这与图像检索相关。

Christhoher Hess(克里斯托·赫斯)在 https://affinelayer.com/pix2pix 上发表了一篇博客文章使用 TensorFlow 进行图像到图像的翻译。该代码可在 GitHub 页面上找到。他实现了伊索达(Isolda)等人的想法。在 pix2pix 网络上,它使用 GAN 框架将图像从一个域转换到另一个域,比如说,从夜晚到白天,黑白到彩色图片,或草图到对象。此外,https://affinelayer.com/pixsrv/上还有一个在线演示。

最近,来自 Nvidia 的团队提出了(https://github.com/NVIDIA/pix2pixHD)增强版的条件 GAN(基于 Pix2Pix 框架),能够生成高质量的图像。他们使用了一系列创新,例如合并对象实例分段信息,以实现对象操作,例如删除/添加对象和更改对象类别。这是从给定输入生成不同结果的方法。另外读者还可参阅 YouTube 上的视频,他们应用这些技术生成照片般逼真的人脸(https://www.youtube.com/watch?v=XOxxPcy5Gr4)。图 4-14 显示了使用条件 GAN 的高分辨率图像合成。

输入标签

分割图

合成的图像

一个可能的高质量生成图像

图 4-14　来自 Nvidia 团队的高分辨率 Pix2pix 示例

(来源:https://github.com/NVIDIA/pix2pixHD)

pix2pix 是一个很棒的工具,但是,对于许多任务,其将无法使用配对的培训数据。Zhu 等人最近提出了一种新的图像知识转移技术。在他们的论文 *Unpaired Image-to-Image Translation using Cycle-Consistent Adversarial Networks*(《使用循环一致性对抗网络的非配对图像到图像的翻译》,https://arxiv.org/abs/1703.

10593)中,将技术命名为 CycleGAN。这是一种图像到图像的转换,其目标是使用对齐图像对的训练集来学习输入图像与另一输出图像(来自不同的域)之间的映射。该方法允许在没有对应对(correspondent pair)的情况下将图像从源域 X 转换为目标域 Y。映射 $G:X\to$学习 Y 使得来自 $G(X)$的图像的分布应该与分布 Y 本身无法区分。因为这种映射是不受约束的,所以它进一步与逆映射 $F:Y\to X$ 耦合,从而引入推动 $F(G(X))\approx X$ 的循环一致性损失(反之亦然)。他们将它用于风格转移、照片增强、对象变形、季节转移等。https://github.com/junyanz/CycleGAN 上的代码在 Pytorch 可用,其上还有一个很好的视频显示了一匹马变成斑马。

4.8 其他应用

在文献[CCB15]中,Cho 等人使用基于注意力的编码器-解码器(组合 CNN 和 RNN)来描述多媒体内容。其新颖性在于对细节机制的广泛使用,特别是在基于 RNN 的条件语言模型中。他们将该模型应用于机器翻译、图像标题生成、视频描述生成和语音识别。作者强调注意机制在任意数据流(语音和视频、文本和图像等)之间的映射的无监督学习中的重要性。他们证明了注意力模型可以有效地推断出对齐信息,而无需明确使用任何领域知识,使其成为神经科学的有趣模板。

Kemelmacher-Shlizerman(克梅尔马歇尔·沙利曼)等最近创建了一个名为 MegaFace 的大数据集,用于识别面部图像,读者可参阅 *The MegaFace Benchmark: 1 Million Faces for Recogntion at Scale*(《MegaFace 基准:100 万面对大规模认可》,https://arxiv.org/abs/1512.00596)。它包括 100 万张照片,可以捕获超过690 000 个不同的人。他们评估了算法的性能,在图库集中增加了很多数量的“干扰者”(从 10~100 万)。他们测试了关于姿势和人的年龄的识别和验证,并将它们作为训练数据大小(照片数量和人数)的函数进行比较。他们的准确率从 99%(数百名干扰者)到 80%(100 万名干扰者)左右。MegaFace 数据集,基线代码和评估脚本已公开发布,可用于进一步的实验。

唇读指从一个静音视频图像中猜测单词和声音。S. Petridis 等人介绍了一种基于双向长短时记忆(BTSTM)网络的端到端多视图唇读系统(https://arxiv.org/pdf/1709.00443.pdf)。他们声称是第一个同时学习直接从像素提取特征并从多个视图执行可视语音分类的模型,同时实现了最先进的性能。该模型由多个相同的流组成,每个视图一个,这些流直接从口腔图像的不同姿势提取特征。每个流/视图中的时间动态由 BLSTM 建模,多个流/视图的融合通过另一个 BLSTM 进行。最佳的三视图模型比当前的 OuluVS2 数据集的多视图最新性能有 10.5%的绝对改进,而无需使用外部数据库进行训练,最大分类精度为 96.9%。

认识到面部情绪的真实性很难,因为歧义性的面部反应是短暂而微妙的。对于这些,作者提出了 SASE - FE,这是一组视频数据集,包含真实和欺骗性的情绪表情,可自动识别。他们表明,识别欺骗性面部表情的问题可以使用数据的时空表示来解决,该数据沿着潜在特征空间中的基准轨迹聚集特征。

Gregor(格雷戈尔)等人介绍了 Deep Recurrent Attentive Writer(DRAW)(参见 https://arxiv.org/abs/1502.04623),这是一个神经网络图像生成的体系结构。DRAW 网络结合了一种新颖的空间注意机制,模仿人眼的动态,具有顺序变分自动编码框架,允许迭代构建复杂图像。该系统在生成 MNIST 示例和街景房号数据库方面取得了非常好的结果。这些生成图像与真实图像毫无二致。

4.8.1 卫星图像

卫星图像分类是涉及遥感、计算机视觉和机器学习的复杂问题。由于数据的高度可变性,问题具有挑战性。Basu(巴苏)等人[SSS+15]提出了一种基于深度信念网络和谨慎的方法预处理卫星图像,在两个公共数据集上达到 97.95%的准确率。一个数据集包括 500 000 个图像补丁,涵盖 4 个广泛的土地覆盖类别:贫瘠的土地、树木、草地和其他,选择 400 000 个补丁进行培训,其余 100 000 个用于测试。

Serrah(塞拉)提出了一种方法[GLO+16],使用 CNN 对高分辨率遥感数据进行语义标记。他们使用全分辨率标签而没有下采样(或汇集层),因此无需进行反卷积阶段或插值。他们通过预训练 CNN 在混合网络环境中的遥感数据,可比从头开始训练的网络获得更好的结果。他们将该方法应用于标记高分辨率航空影像的问题,其中精细的边界细节非常重要,从而在 ISPRS Vaihingen(瓦兴根)和 Potsdam 基准数据集上实现了最先进的准确性。

文章 *Learning to Match Aerial Images with Deep Attentive Architetures*(《学习将空中图像与深度注意力架构相匹配》,http://vision.cornell.edu/se3/wp-content/uploads/2016/04/1204.pdf)旨在弥合神经网络之间的差距和基于局部对应的传统图像匹配技术。作者提出了一个可以从头到尾训练的框架,使用两个神经网络架构来解决超宽基线图像匹配问题,这在卫星和航空图像中很常见。他们使用孪生架构对航空数据进行预训练的 AlexNet 微调特征提取和二元分类器,在超宽基线匹配中实现最先进的精度,达到几乎人性化的性能。

Maggiori 等人设计了一个迭代增强过程,灵感来自偏微分方程,表示为循环神经网络卫星图像标注和定位,从而提高了卫星图像分类图的质量,读者可参见 http://ieeexplore.ieee.org/abstract/document/7938635/。这解决了 CNN 架构中的问题,这个方法善于识别,但却很难准确地定位物体。

4.9 新闻和公司

需要关注的新闻和公司如下：

- Cargometrics(www.cargometrics.com)使用VHF无线电跟踪和卫星图像处理，通过深度学习算法分析海上交通数据预测商品启动价格。它跟踪全球120 000艘船的运动。对冲基金正在利用这项工作来识别定价和证券机会。
- Terrapattern(www.terrapattern.com)使用DL对未标记的卫星照片执行基于相似性的搜索。它通过示例提供了一个开放式的视觉查询界面。用户单击Terrapattern地图上的某个位置，就会找到其他类似的位置。
- Vicarious(https://www.vicarious.com)是一家致力于图像处理的创业公司，正在开发用于视觉、语言和电机控制的系统。他主要关注视觉感知问题，例如识别、分割和场景解析。Vicarious声称其系统在部署生成概率模型时，比传统机器学习技术少一个数量级的训练数据。受生物学的启发，他设计了具有想象力的算法。
- Affectiva(https://www.affectiva.com)使用计算机视觉算法来捕捉和识别对视觉刺激的情绪反应。
- Descartes Labs(https://www.descarteslabs.com)正在教计算机如何看世界和它是如何根据深度学习和先进的遥感算法随时间变化的。他们的第一个应用是在可见光和非可见光谱中使用大量卫星图像，以更好地了解全球农作物生产。Skymind分析媒体、图像和声音来定位和量化影响企业的模式。
- 由Salesforce收购的MetaMind(https://einstein.ai)正在构建一个用于自然语言处理、图像理解和知识库分析的AI平台。该公司提供医疗成像、食品识别和定制解决方案的产品。
- Magic Poney(被Twitter收购)开发了改进低分辨率到高分辨率的图像的技术。通过在网络末端从低分辨率升级到高分辨率，与最先进的CNN方法相比，它能够实现10倍的速度和性能，从而可以实现超高分辨率的高清视频在单个GPU上的实时运行。
- 来自斯坦福大学的团队研发的预测贫困项目(http://sustain.stanford.edu)能够结合卫星数据来预测贫困。这是机器学习和大数据如何取代昂贵调查的一个非常显著的例子。它将与从高分辨率卫星获得的高光照相关联，以估算一些非洲国家的支出和资产财富。训练卷积神经网络以识别图像特征，可以解释高达75%的局部经济结果变化。
- 斯坦福大学的一个团队设计了一种有趣的方法来评估一组人口普查数据指

标，而这只需分析谷歌街景图像，并对停放在街道上的汽车的品牌和型号进行分类即可，读者可请参考 http://ai. stanford. edu/tgebru/papers/pnas. pdf 上的文章 *Using Deep Learning and Google Street View to Estimate the Demographic Makeup of the US*（《使用深度学习和 Google 街景来估算美国的人口构成》）。美国社区调查（ACS）可以节省 10 亿美元，这是一项劳动密集型的挨家挨户的研究，旨在测量与种族、性别、教育、职业、失业等有关的统计数据。该方法通过 Google 街景汽车在 200 个美国城市聚集的 5 000 万张街景图像确定社会经济的大致趋势。他们能够通过单区解决方案准确估计收入、种族、教育和投票模式。例如，如果在通过城市的 15 分钟车程中遇到的轿车数量高于皮卡车的数量，那么该市很可能在下次总统大选期间投票支持民主党人（88%的可能性）；否则，很可能会投票给共和党人（82%）。

- 在文章 *Context Encoders: Feature Learning by Inpainting*（《上下文编码器——通过修复进行特征学习》，https://arxiv. org/abs/1604. 07379）中，作者提出了一种由基于上下文的像素预测驱动的无监督视觉特征学习算法。与自动编码器类似，上下文编码器是卷积神经网络，其被训练以生成由其周围环境调节的任意图像区域的内容。它使用了对抗性损失，产生了更加清晰的结果，因此它可以更好地处理输出中的多种模式。上下文编码器学习的表示不仅捕获外观，还捕获视觉结构的语义。在 Torch 中的代码可以在 https://github. com/pathak22/context-encoder 上获得。
- 创业公司 Twentybn（https://www. twentybn. com）希望教授机器对世界的常识。它依赖于 DL 架构进行视频分析。它发布了 Something-Something（对象交互）和 Jester（手势）数据集，它们代表了人类在现实世界中所做的原始行为，可以从中学习常识。读者可访问 https://www. youtube. com/watch? v=hMcSvEa45Qo 查看演示文稿。

4.10 第三方工具和 API

有许多 API 服务可以在云中提供图像识别，可以轻松地与现有应用程序集成，以构建特定功能或整个业务。它们可用于检测地标、特定位置或风景，或者可用于过滤用户上传的令人反感的个人资料图像。

- Google Cloud Vision 提供多种图像检测服务，从面部和光学字符识别（文本）到地标和显式内容检测。
- Microsoft Cognitive Services 提供了一系列可视图像识别 API，包括情感，名人和面部检测。

- Clarifai 和 Alchemy 提供了计算机视觉 API，帮助公司组织内容，过滤掉不安全的用户生成的图像和视频，并根据查看或拍摄的照片制作购买建议。

谷歌最近的一个项目提供了用于图像中物体检测的预训练模型(在 COCO 数据集上)，读者可参考 https://research.googleblog.com/2017/06/supercharge-your-computer-vision-model.html 上的博客文章以及 https://github.com/tensorflow/models/tree/master/object_detection 上的 TensorFlow 代码。用户可以在本地计算机或云中安装代码。下面有几种型号可供选择：

- 带有 MobileNets 的单发多盒检测器(SSD)；
- SSD 与 Inception v2；
- 具有 ResNets 101 的基于区域的完全卷积网络(R－FCN)；
- 更快的 RCNN 与 ResNets 101；
- 更快的 RCNN 与 Inception ResNets v2。

第 5 章　自然语言处理及语音

深度学习(DL)对自然语言处理(NLP)产生了巨大影响。在图像和音频之后,这可能是深度学习释放出最具变革力的领域。例如,斯坦福大学几乎所有的项目都与 NLP 相关,包括深度学习方向的研究,这是该领域最受尊敬的研究机构之一。

语言理解是人工智能中最古老的,也可能是最困难的问题之一。因为它具有很高的维度(任何语言都可以轻松地包含数十万个单词),数据是非常倾斜的(Zip 定律的分布)。数据遵循语法规则,结构微妙(一个词,如否定词,甚至标点符号都可以改变意义),词汇的意义在文化的许多隐含假设层中交织在一起。文本也没有像图像那样明显的时空结构(聚集在一起的词汇可能与图像中的像素形成图像的概念无关)。

然而,互联网产生了大量数据语料,深度学习成为解决与理解人类语言相关的众多问题的自然选择。以下列出了与 NLP 相关的一些主要难题:

- 解析;
- 词性标注;
- 翻译;
- 文本摘要;
- 命名实体识别;
- 情感分析;
- 问答(对话);
- 主题建模;
- 消歧。

深度学习有助于提高这些 NLP 难题的准确性,特别是语音解析与翻译。然而,即使准确性已经提高了，其中仍然存在一些具有挑战性的问题，并且技术尚未完全成熟，还不满足产品化要求，就像不受限制的对话。

当训练大量数据时，语言深度学习模型压缩性地提取在训练数据中的编码信息。通过对电影字幕的训练，语言模型能够生成关于对象颜色或事实问题的基本答案。最近的带有条件的序列到序列模型的语言模型能够解决复杂的任务，如机器翻译。

尽管更简单的模型(如 n - gram)仅使用前一个单词的简短历史信息来预测下一个单词，但它们仍然是建模语言的关键组成部分。实际上，大多数关于大规模语言模型的研究表明，RNN 与 n - gram 可能具有相互补充的优势，结合使用效果非常好。

5.1 解 析

解析包括将句子分解为各组成部分(名词、动词、副词等)和构建它们之间的句法关系，即解析树。这是一个复杂的问题，因为在可能的分解中的歧义(见图 5 - 1)描述了解析一个句子的两种可能方法。

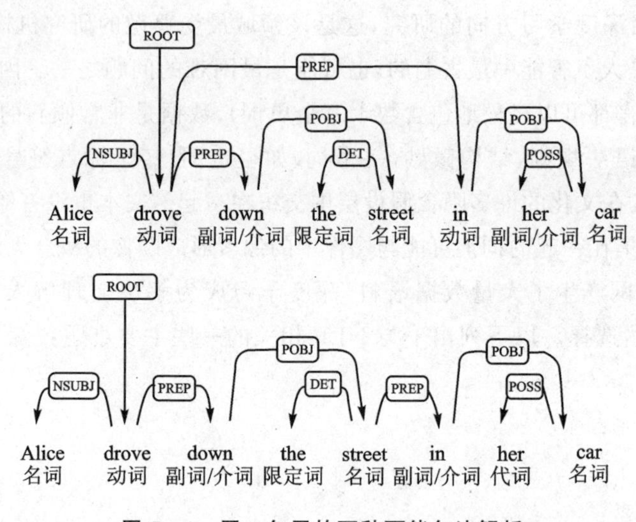

图 5 - 1　同一句子的两种可能句法解析

例如，“Alice drove down the street in her car”至少有两个可能的关系解析。第一个对应于爱丽丝驾驶她的汽车的(正确)解释；第二个对应于街道位于她的汽车中的(荒谬但可能的)解释。出现歧义是因为介词的位置可以改变驾驶或街道的理解公式。人类消除歧义做出的选择方式是通过常识判断的，我们知道街道不能位于汽车里。对于应付这个世界的机器，信息非常具有挑战性。

Google 最近推出了 SyntaxNet 来解决这类困难解析问题(该代码基于 TensorFlow,开源在 GitHub 上,链接是 https://github.com/tensorflow/models/tree/master/research/syntaxnet)。20 ~ 30 个单词的句子可以有数千个句法结构。Google 使用全球规范化的基于过渡的神经网络模型,该模型依赖解析和句子压缩实现了最先进的词性标注。该模型是一个简单的前馈神经网络,在特定任务的过渡系统上运行,与复现模型相比,可表现出更好的精度。

使用 SyntaxNet,句子由前馈神经网络处理,并输出称为假设的可能句法依赖关系的分布。使用启发式搜索算法(集束搜索),SyntaxNet 在处理每个单词时保留多个假设,并且当其他排名更高的假设发生时,丢弃不太可能的假设。关键洞察力是基于标签偏差问题的新颖证据。该 SyntaxNet 英语语言解析器 Parsey McParseface (https://research.googleblog.com/2016/05/announcing-syntaxnet-worlds-most.html)被认为是最好的解析器,在某些情况下超过了人类的准确度。最近,该服务扩展到涵盖约 40 种语言。

5.2 分布式表示

NLP 的核心问题之一与数据的高维性有关,这导致巨大的搜索空间和语法规则的推断。Hinton[Hin02](译者注:Hinton 为深度学习之父,深度学习三巨头之一,他坚持一个简单的观点,计算机可以像人类一样思考,依靠直觉而不是规则)是第一个提出单词可以通过分布式(密集)表示观点的人。这个想法最初是在 Bengio [BLPL06] 的统计语言建模的背景下开发的。分布式表示的优点是可以轻松访问语义,并且可以从不同的领域甚至不同的语言转换信息。

学习每个单词的分布式(矢量化)表示称为单词嵌入。Word2vec 是创建单词的分布式表示的最流行的方法。它是一个公开可用的库,可以高效地实现单词的 skip-gram 矢量表示。该模型的实现是基于 Mikolov[MLS13] 的工作。Word2vec 的工作原理是将大型语料库中的每个单词作为输入,并将定义窗口内的其他单词作为输出,然后我们提供一个训练有素的神经网络分类器(见图 5-2)。训练之后,它将预测每个单词实际出现在焦点词周围的窗口中的概率。

除了实现之外,作者还提供了通过在 Google 新闻数据集(大约 1 000 亿字)上训练此模型而学习的单词和短语的矢量表示。矢量最多可包含 1 000 维,300 万个单词和短语。这些向量表示的一个有趣特征是它们捕获语言中的线性规则。例如,矢量化词方程“马德里”－“西班牙”＋“法国”的结果是“巴黎”。

在使用 TFIDF 的词袋(BOW)之后,Word2vec 可能是 NLP 问题最常用的方法。它的实现相对容易,有助于理解隐藏的单词关系。有一个很好的,有文档记录的

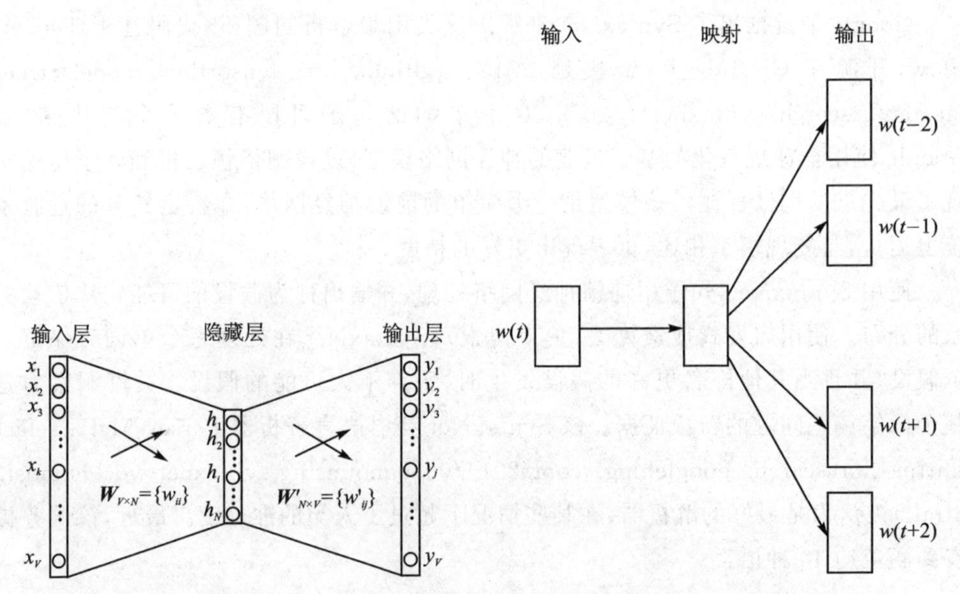

左图：代表 Word2vec 背后的孪生网络，隐藏节点 $h_1, \cdots, h_N$ 包含单词的矢量化表示；

右图：使用 skip-gram，word $w(t)$ 的 Word2vec 示意性表示用于预测上下文单词 $w(t-2) \cdots w(t+2)$。这里考虑 $K=5$ 的上下文窗口。

图 5-2 Word2vec 数据设置

（来源：https://stackoverflow.com/questions/30835737/word2vec-data-setup）

Word2vec 的 Python 实现，称为 Gensim（https://radimrehurek.com/gensim/models/word2vec.html）。Word2vec 可以与预训练的矢量一起使用，或者经过训练，在给定大型训练语料库（通常是数百万个文档）的情况下从头开始学习嵌入。

Quoc Le（夸克·勒）等人[LM14]提出了一种使用与 Word2vec 类似的技术对完整段落进行编码的方法，它被称为段落矢量。每个段落都映射到一个向量，每个单词都映射到另一个向量。然后对段落向量和单词向量进行平均或连接，以预测给定的上下文的下一个单词。这可以理解为一个记忆单元，可以从给定的上下文（或者换句话说，段落主题）中回忆缺失的部分。上下文向量具有固定长度，并且它们从文本段落上的滑动窗口中采样。段落向量在同一段落生成的所有上下文中共享，但它们不与其他段落共享任何上下文。

Kiros（奇洛斯）等人[KZS+15]引入了使用无监督学习来编码句子的跳越向量（skip-through vectors）的思想。该模型使用循环网络（RNN）重建给定通道的邻近句子。共享语义和句法属性的句子被映射到相关的向量表示中。他们在几个任务中测试了模型，例如语义相似度、图像句子排名（image-sentence ranking）、复述检测（paraphrase detection）、问题类型分类、基准情绪和主观性数据集。最终结果是一个编码器，可以产生强大的高通用句子表示。

5.3 知识表示与知识图谱

关于实体及其关系的推理是人工智能的关键问题。这些问题通常被表述为对知识的图结构表示的推理。先前大多数关于知识表示和推理的工作都依赖于由命名实体识别(NER)、实体解析与共同参考(entity resolution and co-reference)、关系抽取(relationship extraction),以及知识图谱推理组成的典型管道。该过程可能是有效的,但也会导致来自每个组件子系统的错误组合的问题。有关图像嵌入方法的最新研究,读者可参阅 https://arxiv.org/pdf/1709.07604.pdf。

在一个图谱中,实体(图的节点)通过关系(边)连接,实体可以具有类型,由其关系表示(例如,苏格拉底是哲学家)。

随着链接数据的出现,在语义网络中应该链接不同的数据集。知识图这个术语是谷歌在 2012 年创造的,指的是它在网络搜索中使用语义知识,最近也被用来指代其他网络知识库,如 DBpedia。

知识图(KG)是由实体(节点)及其关系(边缘)组成的结构化信息的优雅且强大的表示。推荐系统可被视为直接的二部图,用户属于一组节点,电影属于另一组节点。排名可以被视为边缘(或者加权图),但是可以包括其他类型的边,例如用户在电影评论中使用的文本表示或用户分配给电影的标签。

虽然典型的 KG 可能包含数百万个实体和数十亿个关系事实(边缘),但它通常是不完整的(稀疏的)(见图 5-3)。知识图构建是一项任务,旨在通过使用来自现有已知连接的监督信号预测节点之间的关系来填充该图。目标是找到新的关系事实或三元组。

此任务可视为对纯文本关系提取的补充。知识图的构建类似于社交网络分析中的链接预测,但由于以下原因使其更具挑战性:知识图中的节点是具有不同类型和属性的实体,并且 KG 中的边是不同类型的关系(不仅仅是开关连接)。通过测量两个节点之间是否存在关系以及特定关系类型来评估 KG 算法的质量。

DBpedia 和 Freebase 是广泛且著名的 KG 数据库的示例。Freebase 包含大约 30 亿个事实(边缘),涉及约 5 000 万个节点(实体)。大多数抓取和分类网络的公司都有基于 KG 的产品,包括 Wolfram Alpha、Google 和百度。

嵌入连续向量空间的知识图是一种受神经网络启发的技术,已被证明是非常有用的。一些现存的方法,如 TransE[BUGD+13,GBWB13] 和 TransH [WZFC14] 是简单有效的方法。TransE 受到 Mikolov(米科洛夫) [BUGD+13] 工作的启发,学习了实体和关系的矢量嵌入。TransE 背后的基本思想是两个实体之间的关系对应于实体嵌入之间的转换,即(h,r,t)成立(见图 5-4)。由于 TransE 在建模 $1 \sim N$、$N \sim 1$ 和 $N \sim N$ 时存在

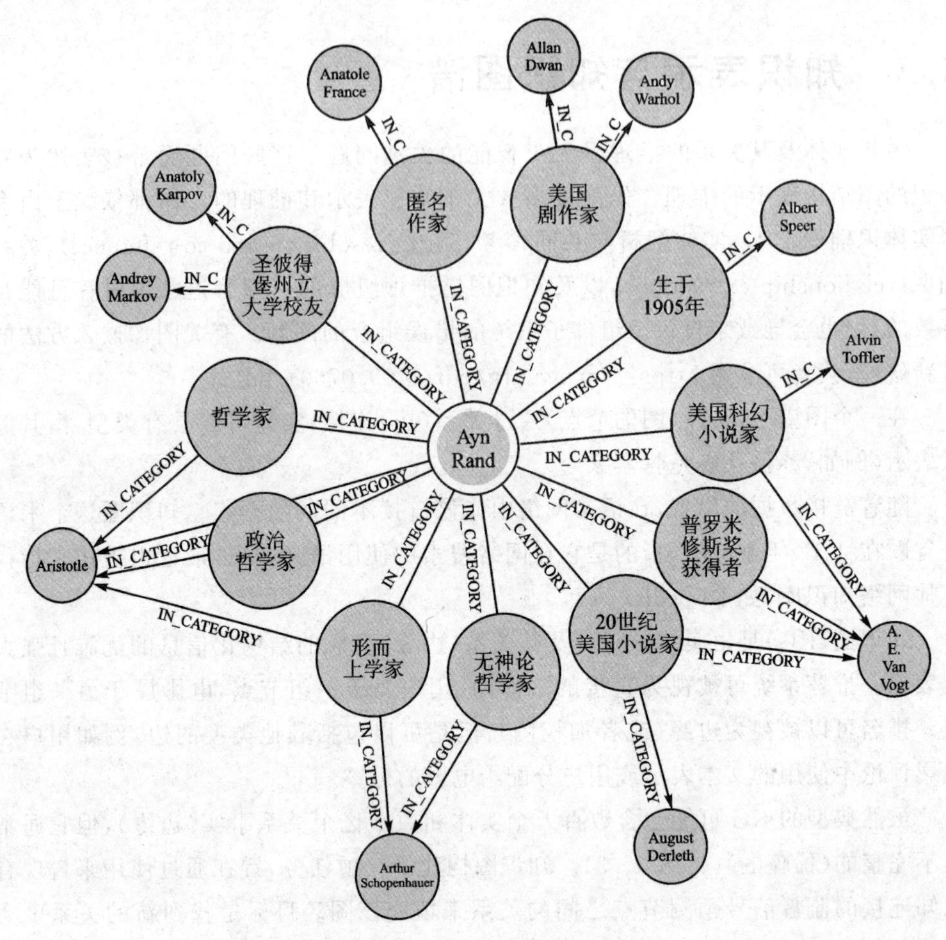

图 5-3　一个知识图例子

（来源：https://github.com/aaasen/kapok）

问题关系，TransH 被建议在涉及各种关系时使具有不同表征的实体成为可能。TransE 和 TransH 都假设实体和关系的嵌入在同一空间中。

由 R. Socher（索彻）提出的神经张量网络（NTN，Neural Tensor Network）更具表现力，因为它们将实体和关系表示为张量，计算量更大，并且在性能上没有比简单方法更多的改进。

通常，有三种方法可以比较：实体预测、关系类型预测和三重预测。前两个基于排名量表和前 N 个性能（通常 $N=1$ 和 $N=10$）进行评估。最后一个是基于模型执行情况的分类问题，区分真实关系而不是随机关系。

知识图谱构建有几个应用，即 Cortana 和 Google Now 等个人助理。这些技术可以帮助回答自然语言问题，例如“What author wrote the book A that was natural from X?”Google 最近推出了一个 API 来查询其知识图谱（https://developers.

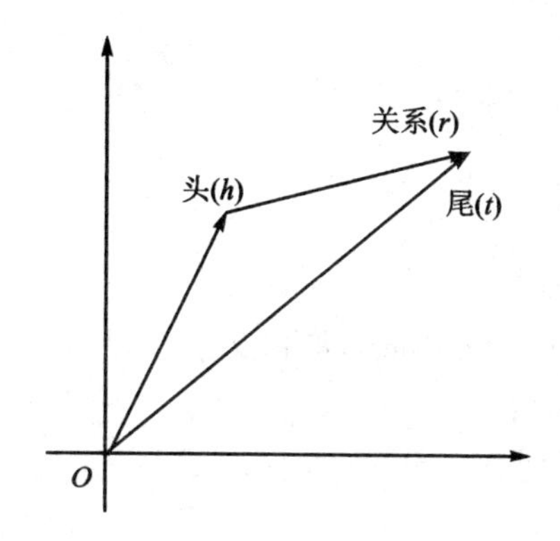

图5-4 TransE模型背后的思想(头、关系、尾)

google.com/knowledge-graph)。随着2014年12月Freebase的关闭,Knowledge Graph API允许用户使用标准模式类型查找驻留在Google Knowledge Graph中的实体。结果以JSON格式返回。

H. Wuang等人的最新研究[wwy15]使用了一种称为RCNET的方法,该方法能够通过与理解智商测试中的问题相关的复杂文本击败人类。他们测试了几种类型的问题。

类比Ⅰ:等温线(isotherm)与温度(temperature)的关系是等压线(isobar)与什么的关系?

1. 大气层(atmosphere);
2. 风(wind);
3. 压力(pressure);
4. 纬度(latitude);
5. 当前(current)。

类比Ⅱ:识别两个单词(每一组括号中的一个),当与大写字母中的单词配对时,这些单词形成连接。

1. CHAPTER (book, verse, read);
2. ACT (stage, audience, play)。

分类:哪一个是不同的?

1. 冷静(calm);
2. 相当(quite);
3. 轻松(relaxed);
4. 安详(serene);
5. 平静的(unruffled)。

同义词:哪个词最接近非理性(irrational)?

1. 妥协(intransigent);

2. 不可赎回(irredeemable);

3. 不安全(unsafe);

4. 丢失(lost);

5. 无厘头(nonsensical)。

反义词:哪个词与音乐剧(musical)最相反?

1. 不和谐(discordant);

2. 响(loud);

3. 抒情(lyrical);

4. 口头(verbal);

5. 和谐的(euphonious)。

由于词语的多重含义及其之间复杂的关系,这些都是具有挑战性的任务。为了应对这些挑战,作者通过考虑单词的多重性质和单词之间的关系信息,使用了一个框架来改进单词嵌入(见图 5-5)。

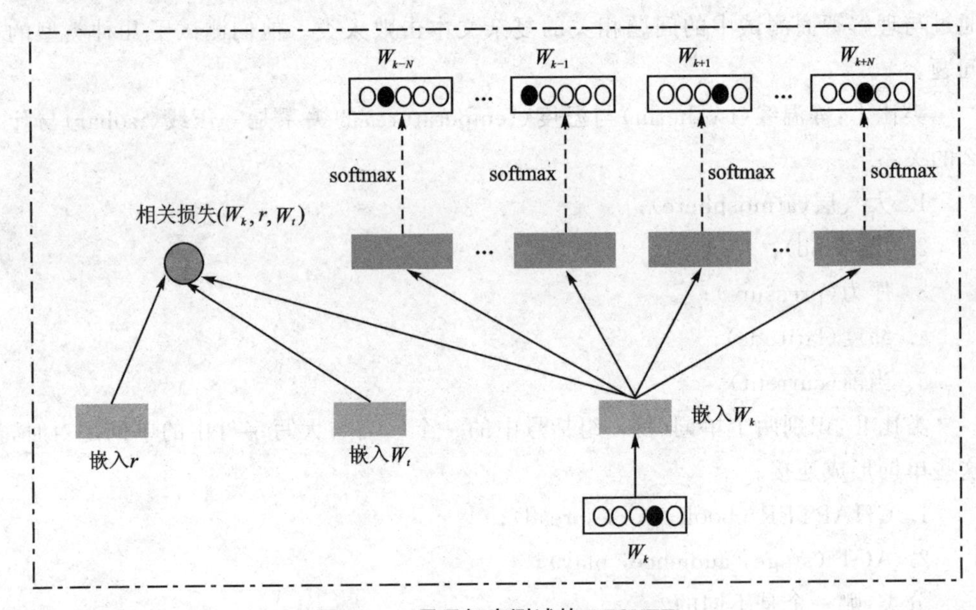

图 5-5 用于智商测试的 RECNET

(来源:文献[WWY15])

变分图自动编码器(VGAE,Variational Graph Auto-Encoder)(https://arxiv.org/PDF/1611.07308.pdf)是可以无监督学习并基于该变分自动编码器(VAE,Variational Auto-Encoder)上知识图谱链路预测的框架。作者使用潜在变量来学习无向图的可解释表示。使用图形卷积网络(GCN)编码器和内积解码器,与 DeepWalk 模型的谱聚类相比，他们在引文网络中的链路预测上取得了有竞争力的结果。该模型可以自然地结合节点特征，从而提高预测性能。TensorFlow 实现可在 https://github.com/tkipf/gae 上找到。

最近 Bansal(班萨尔)等人提出了一种用于问答的任务的端到端方法，该方法直接将文本中的实体和关系建模为记忆插槽(memory slots)。他们不依赖于任何外部知识图谱，而是认为所有信息都包含在文本中，这意味着基于记忆的神经网络模型用于语言理解[SsWF15]。Munkhdalai(芒卡达莱)等人提出了 RelNet，它扩展了具有关系记忆的记忆增强神经网络，以解释文本推理中存在的多个实体与记忆增强神经网络之间的关系(http://arxiv.org/ABS/1610.06454)。它是一种同时记忆存储(memory slots)和边缘可以有读/写操作的端到端方法。记忆存储对应于实体，并且边缘对应于实体之间的关系，每个实体表示为向量。唯一的监督信号来自回答有关文本的问题。

5.4 自然语言翻译

自 20 世纪 50 年代人工智能诞生以来，自然语言翻译一直是一个难以解决的难题，传统的数字神经网络在处理这一问题上存在一定的局限性，如对输入和目标进行固定维数矢量编码的要求。对于任意长度的序列，这是一个严重的限制。此外，有些任务，如文档分类，可以通过忽略单词顺序的词袋、单词表示来成功处理，但单词顺序在翻译中是必不可少的。“Scientist killed by raging virus (被狂暴病毒杀死的科学家)”和“Virus killed by raging scientist (被狂暴科学家杀死的病毒)”这两个句子有着相同的词袋表示。

翻译质量是由 BLEU 测量的，它是 1 到某个上限(通常是 4)之间 n 的全部值的 n-gram 精度的几何平均值。由于提供过短的翻译可以提高精度，所以 BLEU 分数还包括一个对短值的惩罚[Wes16]。

与传统的统计机器翻译不同，DNN 通常使用单个神经网络共同表示两种语言的分布，并最大化翻译分数。大多数模型使用编码器-解码器方案将源语句编码为固定长度的矢量，解码器从中生成相应的翻译。

带 LSTM 单元的 RNN 是处理输入序列并将其压缩为大的固定维向量的自然选择。这个向量后来被另一个 LSTM 用来提取输出序列。第二个 LSTM 本质上是一个循环神经网络语言模型，除了它是以输入序列为条件的。LSTM 成功地学习具有长期时间依赖性的数据的能力使其成为这项任务的自然选择，因为输入和相应输出之间可能会出现较大的时间滞后。

2014 年，Sutskever 等人[SVL14]使用带有长短期记忆(LSTM)单元的 RNN，在英法翻译任务上实现了基于短语的传统机器翻译系统的最先进性能。网络由编码模型(第一LSTM)和解码模型(第二LSTM)组成。他们使用了无动量的随机梯度下降,在前五个epoch之后,每个epoch将学习率减半两次。该方法的BLEU得分为34.81,优于以前最好的神经网络NLP系统,并与非神经网络方法(包含具有明确编程领域专业知识的系统)的最佳发布结果相当。当他们的系统被用于从另一个系统中重选候选翻译时,获得了36.5的BLEU分数。

实施涉及8个GPU,训练需要10天才能完成。每层LSTM分配一个GPU,另外4个GPU仅用于计算softmax。在C++中实现编码,LSTM的每个隐含层包含1 000个节点。输入词汇包含16万个单词,输出词汇包含8万个单词。在-0.08~0.08范围内随机均匀初始化权重。

Bahdanau等人[BCB14]在英法翻译任务中,使用可变长度编码机制和自动编码器,以实现与现有的基于短语的系统相当的翻译性能(见图5-6)。(困惑度是概率倒数的加权几何平均值。)

$$e^{\sum x p(x)} \log p(x)$$

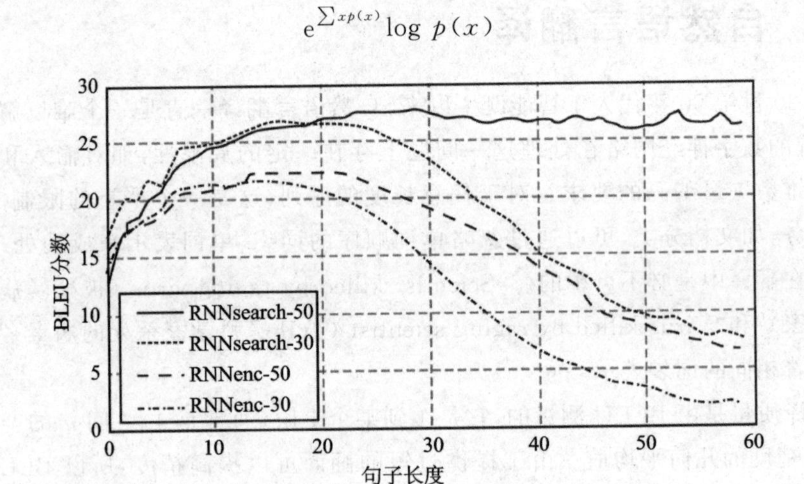

图5-6 使用序列到序列算法的BLEU翻译得分准确性,作为句子长度的函数,表示长句子的模型稳定性

(来源:文献[BCB14])

最近,Google团队发布了一份详细的文档,解释了其于2016年11月投入生产的新Google机器翻译算法。它依赖于传统的编码器-解码器架构,该架构使用双向堆叠的LSTM,具有注意机制并且为字母级别。它在TensorFlow中实现,该团队声称它几乎与人类在多种语言的翻译中的表现相匹配,如英语、法语、西班牙语、中文,甚至很长的句子。唯一的缺点是它只能翻译单个句子,无法对完整文档进行语境化。读者可参见原始论文*Google's Neural Machine Translation System: Bridging the Gap between Human and Machine Translation*(《Google的神经机器翻译系统:

缩小人与机器翻译之间的差距》,https://arxiv.org/pdf/1609.08144.pdf)。

2017年9月,Google提出了Transformer(https://research.googleblog.com/2017/08/transformer-novel-neural-network.html? m=1),这是一种新颖的循环网络架构,在学术英语到德语和英语到法语的翻译基准测试上优于传统的循环和卷积模型。Transformer只需要较少的计算来训练,并且它更适合于机器学习硬件,加速训练能够提升一个数量级。图5-7和图5-8是相对于人类的基准模型。

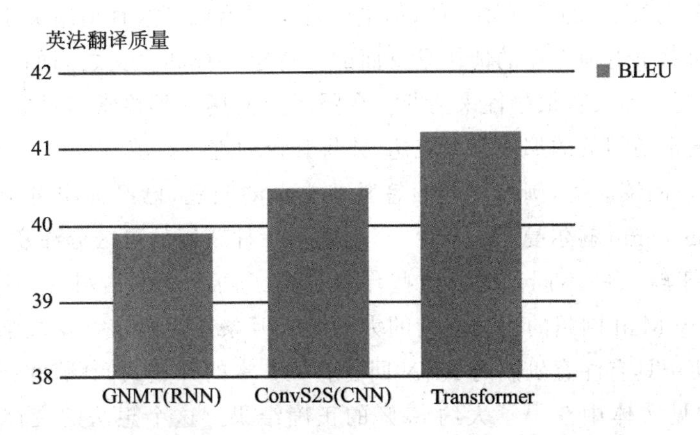

图5-7 使用转换器架构进行翻译的BLEU评分准确度

(来源:https://research.googleblog.com/2017/08/transformer-novel-neural-network.html? m=1)

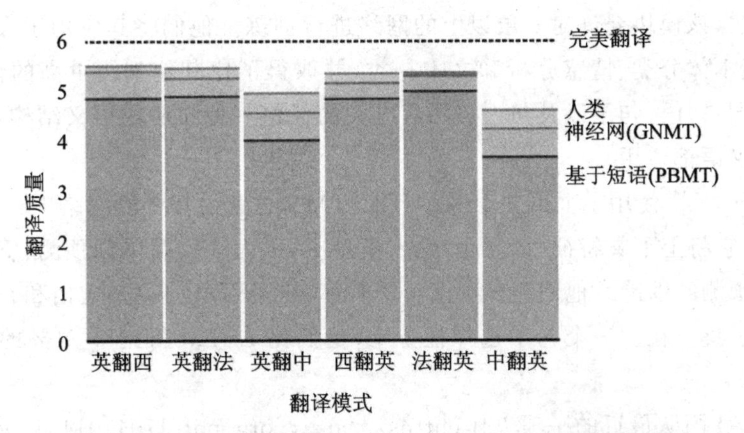

图5-8 使用序列到序列模型的Google语言翻译的翻译质量

(来源:https://research.googleblog.com/2016/09/a-neural-network-for-machine.html)

5.5 其他应用

社交网站、博客和评论网站的爆炸式增长提供了几年前无法想象的大量信息。

数百万人就电影、书籍、照片和政党等各方面发表意见。过去,这种反馈几乎被忽略,但现在公司已经意识到这些意见和评论在产品开发、客户关心和客户参与中的重要性。情感分析(SA,Sentiment Analysis)是任务,理解这些信息并将其分类为易于阅读的见解。最基本的情况是分为正面或负面。SA 涉及名称实体识别和情绪类型(正面、负面或中性),通常表示为图形。

然而,情绪很少是明确的正面或负面的,而是对各种特征的混合观点。回顾一下评论"我喜欢 XXX 的多媒体功能,但电池寿命很糟糕。"这种情绪关于多媒体功能是积极的,而关于电池寿命的情绪是负面的。特定特征和含义之间的关联可以通过单词之间的短程和长程依赖性来捕获。在图形上使用聚类检索与目标特征(用户指定的特征)最密切相关的那些含义表达,并将其余的进行修剪。

自然语言阅读能力,例如能够回答某些文本的问题,已经证明对于机器来说是困难的。Hermann(赫尔曼)等人[HKG+15]引入了一种新颖的可区分注意机制,允许神经网络专注于输入的不同部分。这些作者提出了两个新的语料库,其中包含来自 CNN 和 Daily Mail 网站的相关查询的大约 100 万条新闻报道。受文献[SVL14]的启发,他们使用具有注意机制的 RNN 回答有关文本的开放式问题,并在文本中排名前十的最常见实体中获得了大约 85%的正确结果。这个想法的变体成功应用了 Bahdanau 等人的机器翻译[BCB14]。

Zhang 等人[ZCSG16]使用字符级时间卷积网络抽象文本概念。诀窍是使用一个特殊的池模块,该模块允许对 6 层以上的网络进行训练。他们将其应用于大规模的数据集,包括本体分类、情感分析和文本分类,并取得了比其他基线更高的性能,即使不知道单词、短语、句子以及与人类语言有关的任何其他句法或语义结构,以上结论对英语或汉语都适用。

Ghosh[gvs+16]使用了上下文 LSTM(CLSTM),这是循环神经网络 LSTM 模型的一个扩展,它将上下文特征(如主题)纳入模型中,以大大提高单词预测、下一句选择和句主题预测的性能。他们测试了两个语料库:维基百科的英文文档和谷歌英文新闻的一个子集。在下一个句子选择任务中,他们比 LSTM 得到了 21%的相对精度改进。

OpenAI 团队最近的一项工作(https://arxiv.org/pdf/1704.01444.pdf)介绍了一种使用 LSTM 进行情绪分析的有趣方法。他们表明,在 Amazon Reviews 数据集上为下一个字符预测训练 LSTM 足以学习复杂而有用的数据表示。具体地说,他们发现,在用于情绪分析的网络中使用单个神经元单元足以在 Stanford Sentiment Treebank 的二元子集上实现最先进的结果。

5.6 多模态学习与问答

计算机视觉和 NLP 正日益交织在一起。例如，标题生成比图像分类或对象识别要困难得多。标题应捕获图像中的对象，但它还必须表示它们与操作之间的关系。最近的一项研究开创了图像的开放式语言描述的自动生成[VTBE14]。Viyal 等人在 CNN 组成的神经网络上引入了一个由端到端的模型来处理图像，然后生成 RNN 语言。它从输入图像生成自然语言的完整句子。读者可参见 *Show and Tell: A Neural Image Caption Generator*[VTBE14]。他们在 Flickr 和 Coco 数据集上获得了与人类相近的 BLEU 分数。

此外，最近的自然语言处理方法通过将语言置于视觉世界中来学习语言的语义。图像与词的关系类似于词与词之间的上位词关系和词组之间的文本蕴涵。可以将标题视为图像的抽象。关于上位词、文本蕴涵和图像标题最新的方法是通过文字或图像来构建分布式表示或嵌入。这是一种强大的方法，在这种方法中，相似的实体被映射到高维嵌入空间中的相邻点。一些度量（通常是余弦）用于比较和检索文本中的图像，反之亦然。

Vendrov 等人[VKFU15]提出了一种称为顺序嵌入的方法：通过学习视觉语义层次与嵌入空间上的部分顺序之间的映射，并利用视觉语义层次的部分顺序结构。结果表明，顺序嵌入技术为上下位预测和标题图像检索提供了最新的研究成果，也为自然语言推理提供了良好的性能。他们在微软的 COCO 数据集上进行了测试，共有 12 万多张图片，每张图片至少有 5 个人工注释的标题。他们在标题检索方面前一/前十位的准确率分别达到了 23.3%和 65.0%，在图像检索方面分别达到了 18.0%和 57.6%。

5.7 语音识别

自动语音识别（ASR）是指语音转换成文本的问题。这是机器学习中的一个老问题，传统的基于马尔可夫链过程的学习方法很难解决。

这个问题的参考基准是 Switchboard 和 TIMIT 数据集。TIMIT 包含 630 名美式发音的人，分布于 8 种主要方言的宽带录音，每个人都阅读 10 个语音学音素丰富的句子。TIMIT 语料库包括时间对齐的正字法、语音和单词级文本，以及每个发音的 16 位、16 kHz 采样的语音波形文件。

深度置信网络（DBN，Deep Believe Network）首次应用于 TIMIT 数据集，其准确率约为 23%，读者可访问 www.cs.toronto.edu/asamir/papers/NIPS09.pdf。然而，最先进的精度是 16.5%，使用 DBN 在最后一层进行后规整处理，读者可参见 https://www.researchgate.net/profile/Jan_Vanek/publication/320038040。准确

性如此之高，以至于许多移动应用程序完全依赖于语音。

Graves 等人[AG13]率先使用深度双向 LSTM 解决此问题，在 TIMIT 数据库中实现了显著的 17.7%的错误率。他们应用端到端的方法来鉴别序列转录与循环神经网络。这些方法不需要任何对齐来预切分声学数据，因为它们直接优化了以输入序列为条件的目标序列的概率，并且能够从声学训练数据中学习隐式语言模型。

百度的一个团队最近提出了一个将语音转换成文本的 ASR 模型[AOS+16]。该算法的性能提高是由于深度学习将特征提取模块替换为单一的神经模型，这个模型被称为 Deep Speech 2 的系统，在多种语言中接近人类的准确度。该系统建立在端到端深度学习的基础上，使用经过清洁和噪声环境训练的双向 RNN。在英语中，语音系统的训练时间为 11 940 h，在汉语中，训练时间为 9 400 h。在训练过程中，数据合成被用来增强数据。在这种规模下训练一个模型需要数 10 个 exaFLOP，在一个 GPU 上执行需要 3～6 周。

2017 年 8 月，微软推出了一种新的算法，将 Switchboard 中的错误率降低至 5.1%，Switchboard 是业界广泛使用的语音转录准确性标准测试。相比之下，一个人类转录师的平均错误率为 5.9%。它使用 CNN 和双向 LSTM 的组合。读者可参见 https://arxiv.org/abs/1708.06073。

根据 Temple 的一项研究，就依赖语音的个人助理的准确性而言，谷歌处于领先地位，如图 5-9 所示。

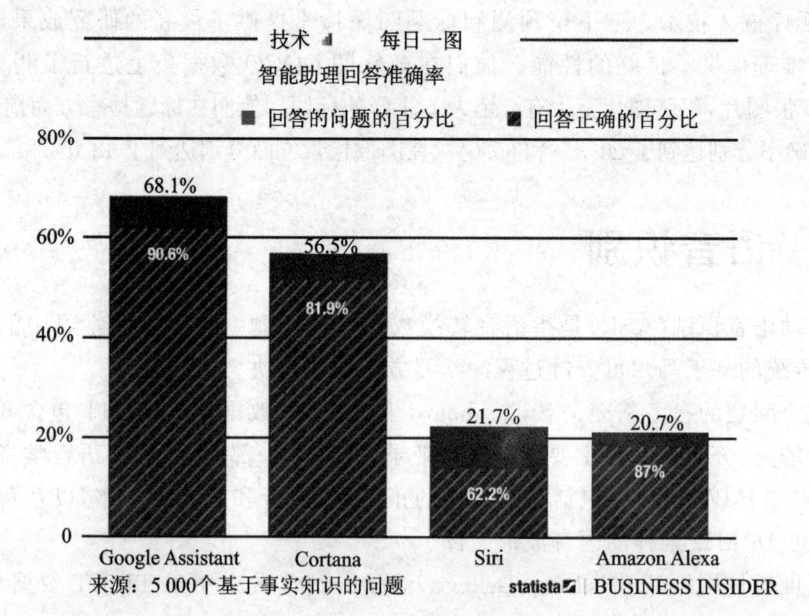

图 5-9　四种个人助理的准确性

（来源：http://uk.businessinsider.com/siri-vs-google-assistant-cortana-alexa-knowledge-study-chart-2017-6? r=USIR=T）

Deepmind 发布了 WaveNet(https://deepmind.com/blog/wavenet-launches-google-assistant/),这是一种用于语音合成的产品,通常被称为语音合成或文本到语音转换(TTS, Text-to-Speech)的过程,具有卓越的质量。传统模型依赖于拼接TTS,它记录了一个非常大的由说话人录制的短语音片段数据库,然后重新组合形成完整的话语。WaveNet 是一次一个样本直接模拟音频信号的原始波形,产生更自然的声音。WaveNet 可以模拟任何类型的音频,包括音乐。

5.8 新闻与资源

本书为你准备了一些资源:

- Github 位于 https://github.com/andrewt3000/dl4nlp,其中包含一些很好的参考资料,读者可以通过深入学习技术了解 NLP,例如分布式表示和会话机器人。
- Facebook 的语言技术团队是 Applied ML 的一部分,也是福布斯最近一次深入开展各种活动的情况介绍会主题。该团队最近发布了他们的文本理解引擎 DeepText(https://code.facebook.com/posts/181565595577955/introducing-deepext-facebook-s-text-understanding-engine/),它能够理解 20 多种语言中的情感、意图和实体。Facebook 还建立了一个新的多语言写作器,使在 Facebook 页面上发表文章的作者可以使用自动机器翻译成其他语言吸引更多的用户访问。
- Matthew Honnibal 维护了一个用于自然语言推理的可分解注意模型的 Github 存储库(https://github.com/explosion/spaCy/tree/master/examples/keras_parikh_entailment)。它使用 Keras 和 spaCy 实现,旨在比较两个文档。代码很干净并依赖于预训练的手套字嵌入和双向 GRU,具有 AB 注意机制。在 https://explosion.ai/blog/deep-learning-formula-nlp 的博客文章中解释了实现的细节。
- Spnis 筹集了 1 300 万美元,用于创建一个语音助手平台来搜索和购买产品,作为谷歌和亚马逊的替代产品。Spnis 声称,其自然语言技术的准确性超过了 Facebook 的 wit.ai、谷歌的 api.ai 和微软的 luis。平台有 5 种语言:法语、英语、西班牙语、德语和韩语。
- 在 www.wildml.com/2016/01/attention-and-memory-in-deep-learning-and-nlp/上的博客文章很好地概述了具有记忆的神经网络的注意力机制。
- 在最近的一篇论文(https://arxiv.org/abs/1611.01599)中,作者提出 LipNet 是一个能够阅读人类嘴唇并猜出他们在低语的单词的网络,准确率为 93.4%,而人类的准确率为 52.3%。

- 微软提出了一种语音识别算法(https://arxiv.org/abs/1609.03528),在Switchboard数据集上实现了5.8%的SOTA性能,比人类低了0.1%。作者使用了一种基于循环和卷积神经网络的聪明架构。
- NMT教程(https://github.com/tensorflow/nmt)让读者全面了解顺序到顺序(seq2seq)模型以及如何从头开始构建模型。它的重点是神经机器翻译(NMT)的任务,这是第一个seq2seq模型的试验台。seq2seq模型取得了巨大的成功,所包含的代码是轻量级的、高质量的、生产就绪的,并与最新的研究思路结合在一起。
- 将NLP应用于商业的先锋之一是Baker&Hosteller(https://www.bakerlaw.com/)。人工智能助理Ross是第一个建立在IBM认知计算机沃森基础上的人工智能律师。它的目的是阅读和理解语言,产生假设,并制定反应(连同参考和引文)以支持结论。
- Google Tacotron 2(https://research.googleblog.com/2017/12/tacotron-2-generating-human-like-speech.html)最近的一个项目使用了DL技术(包括Wavenet和LSTM)来解决文本到语音(TTS)的问题。生成的样本质量很好,合成语音几乎与真实的人类语音无法区分。

5.9 总结与思考展望

尽管取得了进步,但是理解语言和拥有一个能够进行有意义对话的智能体是GAI最困难的问题,这在当前的DL环境中可能无法解决。John Searle的中文房间悖论还是有道理的。Gary Marcus在他的*New Yorker*(《纽约客》)专栏中的论点(www.newyorker.com/contributors/gary-marcus)也非常中肯。也许我们需要一个不同的范式,因为所有的DL方法基本上都是统计模式匹配。例如,语言翻译是否可以理解为符号到符号模式匹配?我们能在没有自我意识和对人类基本行为的理解的情况下构建一个会话机器人吗?

语言不是一个不可能的问题,但人类之所以如此容易消除语言意义的歧义,可能是因为我们依赖一套非常大的关于世界和我们自己的明确和含蓄的假设,我们很容易从这些假设中提取“意义”。这些假设可能被定义为ML,但我们需要一个新型目标函数,并在这些算法中创造持久感和“自我”感。

要做到这一点,我们需要一个新的学习范式,而不是从外部数据源,而是由智能体决定什么是“外部”和“内部”。这可能需要一些我们已经拥有的工具,如非监督的概念理解,但需要一个重要的组成部分——社会互动。只有当机器进化成自己的社会并发展出一些基本的主体间意识时,才可能进行一次完全有意义的对话。有关这一点的一些论点,读者可参阅www.princeton.edu/graziano/。

第6章　强化学习和机器人

近期深度学习的成果[GBC16]受益于大数据、强大的计算和新的算法技术，我们见证了强化学习的复兴，特别是强化学习和深度神经网络的结合，即所谓的深层强化学习(Deep RL)。由于机器在 Atari 和非常困难的围棋游戏中超越了人类的表现，从此深度 Q 网络(DQN，Deep Q-Network)激发了强化学习领域[MKS+15]的热情。

众所周知，当动作估值 Q 函数近似非线性函数(例如神经网络)时，强化学习是不稳定的。但是，DQN 为提高学习的稳定性做出了一些贡献，如下：

- DQN 使用带有回放的 CNN 稳定了 Q 动作估值函数近似的训练。
- DQN 使用端到端 RL 方法，仅将原始像素和游戏分数作为输入。
- DQN 使用一套具有相同算法、网络架构和超参数的灵活网络来玩不同的 Atari 游戏。

RL 的一些最新进展和架构：

- Deep Q-Network[MBM+16]帮助 AlphaGo [SHM+16]击败了围棋世界冠军；
- 深度强化学习的异步方法；
- 价值迭代网络；
- 指导性政策检索[LFDA16]；
- 生成对抗模仿学习；
- 无监督强化和辅助学习；
- 神经架构设计。

6.1 什么是强化学习

强化学习解决了顺序决策问题,这些问题是在收到奖励之前需要几个步骤的问题,例如视频游戏。RL 智能体(agent)通常会随着时间的推移与环境进行交互并进行改变,因此它们可以在移动的背景上工作并追逐移动的目标。

在每个时间步 t,智能体处于状态 s_t 并选择来自某个动作空间 A 的动作 a_t,遵循智能体的行为策略 $\pi(a_t|s_t)$,换句话说,是从状态 s_t 到动作 a_t 的映射。相应地,根据环境动态或模型,包括给定的奖励函数 $R(s,a)$ 和状态转换概率 $P(s_{t+1}|s_t,a_t)$,智能体接收奖励 r_t 并移动到下一个状态 s_{t+1}。

价值函数是对预期、累计、非折扣、未来回报的预测,可衡量每个状态或状态-行动对的好坏程度。这里,动作值是在状态 s 中选择动作 a 然后遵循策略 π 的预期回报:

$$Q^{\pi}(s,a)=E[R_t|s_t=s,a_t=a] \tag{6.1}$$

最优动作值函数 $Q^*(s,a)$ 是状态 s 和动作 a 的任何策略都可实现的最大动作值。可以定义状态值 $V^{\pi}(s)$ 和最优的状态值 $V^*(s)$ 类似。时间差(TD, Temporal Difference)学习是 RL 的核心思想。它以无模型、在线和完全增量的方式,直接从具有 TD 错误的经验引导学习价值函数 $V(s)$。更新后的规则如下:

$$V(s_t) \leftarrow V(s_t)+\alpha[r_t+\gamma(s_{t+1})-V(s_t)] \tag{6.2}$$

式中:α 是学习率;γ 是折扣因子;$r_t+\gamma(s_{t+1})-V(s_t)$ 是 TD 误差。

同样,Q 学习使用更新规则来学习动作值函数,公式如下:

$$Q(s_t,a_t) \leftarrow Q(s_t,a_t)+\alpha[r+\gamma \max a_{t+1} Q(s_{t+1},a_{t+1})-Q(s_t,a_t)] \tag{6.3}$$

与 SARSA 相比,Q 学习是一种非策略控制方法,SARSA 是状态、动作、奖励、(下一个)状态、(下一个)动作的缩写,这是一种使用更新规则的 on - policy(策略)控制方法。

$$Q(s_t,a_t) \leftarrow Q(s_t,a_t)+\alpha[r+\gamma(s_{t+1},a_{t+1})-Q(s_t,a_t)] \tag{6.4}$$

SARSA 在动作值方面进一步完善了策略。

6.2 传统的 RL

传统控制理论中的强化学习可以如下构建:假设智能体位于复杂的可变环境中(例如,突破游戏)。在每个时间步骤,环境处于给定状态(例如,桨的位置、球的方向、砖的位置等)。智能体能够在环境中实现许多动作并改变它们(例如,移动桨)。这些行为可能导致奖励或惩罚,并且有一些可能改变环境并形成新的状态,其中智能体可以执行一组新的动作。选择这些操作的规则由策略指定。环境通常是随机的，这意味着下一个状态将具有小的随机分量（例如，如果你发射球，那么小球的方向可能是随机的），如图 6-1 所示。

在这种情况下，RL 被称为 Bellman 方程的迭代方程。

$$V(s)=\max F(s,a)+\beta V(T(s,a))$$

式中：s 是状态；a 是可能的动作；F 是智能体变为新状态 T 时的结果。智能体尝试查找一组最大化收益的操作。

强化 DL 的最终目标是为表示学习创建通用框架，其中给定目标，学习直接从具有最小领域知识的原始输入实现该目标所需的表示。深度学习 RL 在玩博弈游戏（如围棋和视频游戏）、探索世界（3D 世界和迷宫）、控制物理系统（操纵物体、步行、游泳）和执行用户交互（推荐算法、优化、个性化）方面取得了成功。

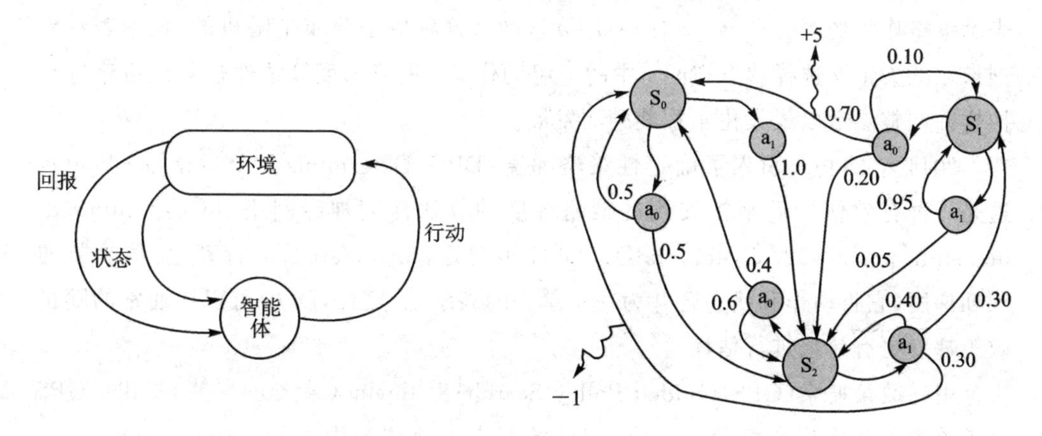

图 6-1　在传统的强化学习问题中的马尔可夫状态

RL 智能体通常包括以下组件：策略（智能体的行为函数）、值函数（每个状态和/或操作有多好）和模型（智能体的环境表示）（见图 6-1）。策略或智能体的行为基本上是从内部状态到动作的映射。它可以是确定性的，如 $\pi(s)$；或随机的，如 $\pi(a|s)=P[a|s]$。

DNN 可用于表示所有组件，例如价值函数、策略和世界模型，损失函数可通过随机梯度下降获得。

价值函数是对来自状态 s 中的动作 a 的未来奖励的预测。Q 值函数给出了预期的总奖励，来自于在策略 π 下具有折扣因子 γ 的状态 s 和行动 a。

$$Q(s,a)=E[rt+1+\gamma rt+2+\gamma 2rt+3+\cdots|s,a]$$

折扣因子只是一种随时间传播延迟奖励的方式（见图 6-2）。

- 它的状态空间$s \in S$;
- 它的行动空间$a \in A$;
- 它的转移动态$P(S_{t+1}|S_{t_1},a_t)$;
- 它的回报函数$r(s,a)$;
- 它的初始状态概率$\mu_0(s)$。

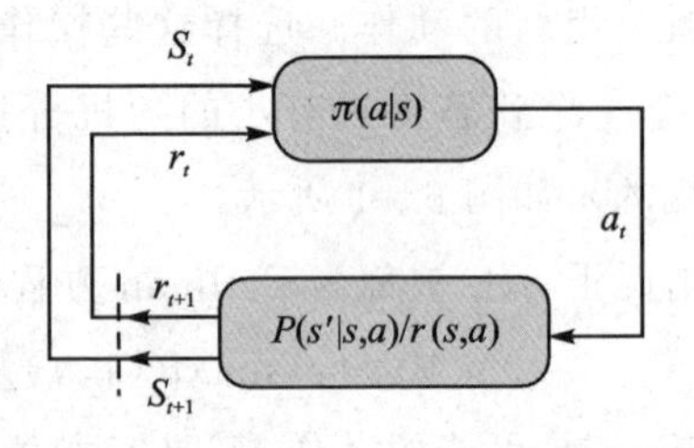

图 6-2　学习——适应策略

6.3　DNN 强化学习

策略梯度算法通常用于具有连续动作空间的 RL 问题。这些算法的运行是通过表示策略作为概率分布，$\pi^{\theta}(a|s)=P[a|s;\theta]$，这种概率分布是随机的，根据表示模型参数的矢量 θ 选择状态空间 s 中的一组动作 a。策略梯度算法通过对该策略进行抽样并调整参数以最大化累积奖励而发展。

2014 年，Silver 引入了确定性策略梯度(DPG，Deterministic Policy Gradient)，这是一种有效估计后来扩展到的策略梯度的算法深度神经网络(http://proceedings.mlr.press/v32/silver14.pdf)。DPG 被规定(formulated)为行动-价值函数的预期梯度(它将动作和状态合并为一个单一的表示)。这样，DPG 可以比通常的随机政策梯度更有效地进行估计。

引导政策搜索(GPS，Guided Policy Search)由 Levine(莱文)[LFDA16] 提出。GPS 将策略搜索转换为监督学习，其中训练数据由以轨迹为中心的(trajectory-centric) RL 提供。GPS 在以轨迹为中心的 RL 和监督学习之间交替，并利用预训练来减少用于训练视觉运动策略的经验数据量。在需要定位、视觉跟踪和处理复杂接触动态的一系列实际操作任务中取得了良好的性能。作者声称“这是第一种能够通过直接扭矩控制来训练复杂、高维操作技能的深度视觉运动策略”的方法。

6.3.1　确定性政策梯度

Silver(西尔弗)为连续动作空间的 RL 问题引入了 DPG 算法。确定性策略梯度是动作值函数的预期梯度，它在状态空间上积分，而在随机情况下，策略梯度整合了状态和动作空间。因此，确定性策略梯度可以比随机策略梯度更有效地估计。

作者介绍了一种非策略 Actor-Critic 算法，用于从探索性行为策略中学习确定性目标政策，并确保无偏差的策略梯度与确定性政策梯度的兼容函数近似。实证结果显示其优于随机政策梯度，特别是在高维任务中的几个问题上：高维强盗（a high-dimensional bandit），山地车和钟摆的标准基准 RL 任务和具有低维动作空间的 2D 水坑世界（puddle world），控制具有高维动作空间的章鱼臂。实验采用瓦片编码和线性函数逼近器进行。

6.3.2 深层确定性政策梯度

尽管 DQN 算法能够解决高维观测空间的问题，但它被设计用于离散和低维行动空间。然而，大多数控制任务都处理连续的高维空间。Lillicrap 等人提出了一种无模型、无策略 Actor-Critical 算法，该算法使用函数逼近器，可以在高维连续动作空间中学习策略。他们在 Actor-Critical 方法中使用了批处理规范化，并且依赖于 DQN 的两个先前的创新：用重播的样本训练无策略网络以最小化相关性，以及目标 Q 网络训练以在时间差异备份期间提供一致的目标。

在 *Asynchronous Methods for Deep Reinforcement Learning*（《深度强化学习的异步方法》，https://arxiv.org/abs/1602.01783）中，作者通过对 DQN 算法的扩展，提出了一种连续动作空间中的 Actor-Critical 无模型深度确定性策略梯度（DDPG，Deep Deterministic Policy Gradient）算法。Actor-Critical 避免在每一个时间步骤中对动作进行优化，以获得一个贪婪的策略，就像在 Q 学习中那样，这将使它在复杂的动作空间中不可行，因为复杂的动作空间中有类似深度神经网络的大函数逼近器。

DDPG 算法通过将噪声过程中采样的噪声添加到 Actor 策略中，根据探索策略的经验学习 Actor 策略。采用相同的学习算法、网络结构和超参数，解决了 MuJoCo 环境中 20 多个不同难度的模拟物理任务。DDPG 算法可以用比 DQN 少 20 倍的经验步骤来解决问题，尽管它仍然需要大量的训练来寻找解决方案，就像大多数无模型 RL 方法一样。它是端到端的，以原始像素作为输入。

6.3.3 深度 Q 学习

深度 Q 学习是一种无模型（model-free）强化学习算法，用于训练深度神经网络的控制任务，如玩 Atari 游戏。Q 学习算法与基于策略的算法略有不同。

与尝试学习将观察直接映射到动作的函数的策略梯度方法不同，Q 学习试图学习处于给定状态 s 和采取特定动作 a 的价值。它将动作和状态组合成单个表示。虽然这两种方法都可以指导智能体（agent）获得有效的奖励，但它们如何获得最佳行动的过程却有所不同（见图 6－3）。

在 Q 学习中，训练深度网络以近似最优动作值函数 $Q(s,a)$，这是在状态 s 中采

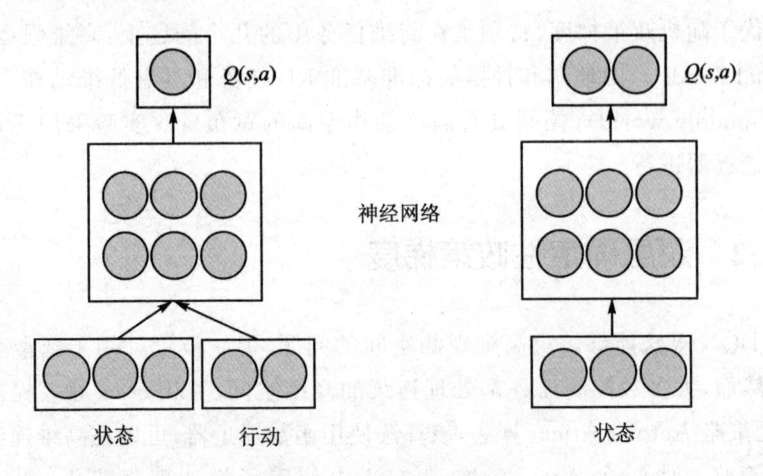

图 6-3　深度 Q 学习算法

取动作 a 然后选择最佳的未来动作的预期长期累积奖励。这可能是一个非常复杂的地图，但只要你提供足够的训练数据，网络就会学习它。

请记住，无模型（model-free）强化学习算法直接学习控制策略，无需显式构建模型环境（奖励和状态转换分布），而基于模型的算法学习环境模型，并使用它通过计划选择行动。

$Q(s,a)$代表比赛结束时的最佳分数或者来自状态的任务集。Q 指的是给定状态下某个动作的"质量"。

Q 学习的主要思想是可以使用 Bellman 方程迭代逼近 Q 函数。在最简单的情况下，Q 函数作为表格实现，状态为行，操作为列。图 6-4 显示了 DQN 的伪代码。

DeepMind 在一个由人们玩的围棋游戏中的 3 000 万个位置-移动对的数据集中使用了 Q 学习方法（第一个技巧），然后通过强化学习改进了这个神经网络。它通过使用监督学习数据来训练第二个更快评估的网络（称为 rollout（推出）网络），从而增加了蒙特卡罗树搜索（MCTS）（第二个技巧）。完整的策略网络只使用一次来初步估计移动的好坏，然后使用更快的部署策略来选择在 MCTS 部署中结束游戏所需的更多移动。这使得模拟中的移动选择比随机更好，且足够快以获得 MCTS 的好处。

第三个技巧是 DeepMind，一个训练神经网络来预测什么是好动作，另一个神经网络来评估每个围棋的位置。DeepMind 使用已经过培训的高质量策略网络来生成该游戏中的位置和最终结果的数据集，并训练价值网络，该网络基于从该位置赢得游戏的总体概率来评估位置。因此，策略网建议采用有前景的评估方式，然后通过 MCTS 推出（使用推出网络）和价值网络预测的组合来完成，结果显示其效果明显优于单独使用。AlphaGo 运行 48 个 CPU 和 8 个 GPU，使神经网络计算并行完成。

Input: The pixels and the game score
Output: Q action value function (from which you obtain policy and select action)
Initialize replay memory D
Initialize action-value function Q with random weight θ
Initialize target action-value function $\hat{Q}$ with weights $\theta^- = \theta$
Episode = *1 to M* **do**
Initialize sequence $s_1 = \{x_1\}$ and preprocessed sequence $\phi_1 = \phi(s_1)$
for $t = 1$ *to* T **do**
Following ϵ-greedy policy, select
Execute action a_i in emulator and observe reward r_t and image x_{t+1}
Set $s_{t+1} = s_t, a_t, x_{t+1}$ and preprocess $\phi_{t+1} = \phi(s_{t+1})$
Store transition $(\phi_t, a_t, r_t, \phi_{t+1})$ in D
experience replay
Sample random minibatch of transitions $(\phi_j, a_j, r_j, \phi_{j+1})$ from D
Set $y_j =$
$$\begin{cases} r_j & \text{if episode terminates at step } j+1 \\ r_j + \gamma \max_{a'} \hat{Q}(\phi_{j+1}, a'; \theta^-) & \text{otherwise} \end{cases}$$
Perform a gradient descent step on $(y_j - Q(\phi_j, a_j; \theta))^2$ w.r.t. the network parameter θ
periodic update of target network
Every C steps reset $\hat{Q} = Q$, i.e., set $\theta^- = \theta$
end
end

图 6-4 深度 Q 网络

（来源：https://arxiv. org/pdf/1701. 07274. pdf）

要了解有关 Deep RL 的更多信息，读者可访问 https://www. nervanasys. com/demystifying-deep-reinforcement-learning/，这是一个关于 Q 学习的有趣的教程，读者还可参见 TensorFlow 上的 https://medium. com/@ awjuliani/simple-reinforcement-learning-with-tensorflow-part-0-q-learning-withtables-and-neural-net-works-d195264329d0。

6.3.4 Actor-Critic 算法

Actor-Critic(A3C)算法由谷歌的 DeepMind 集团于 2016 年发布，使 DQN 变得过时。A3C 更快、更简单、更强大，并且能够在标准的深度 RL 任务中获得更好的分数。最重要的是，它可以在连续动作空间和离散动作空间中有效。鉴于此，它已经成为具有复杂状态和动作空间的新挑战性问题的事实上的深度 RL 算法。OpenAI 刚刚发布了一个版本的 A3C 作为其“通用启动智能体”，用于处理其新的(并且非常多样化的)宇宙环境集(set of universe environments),如图 6-5 所示。

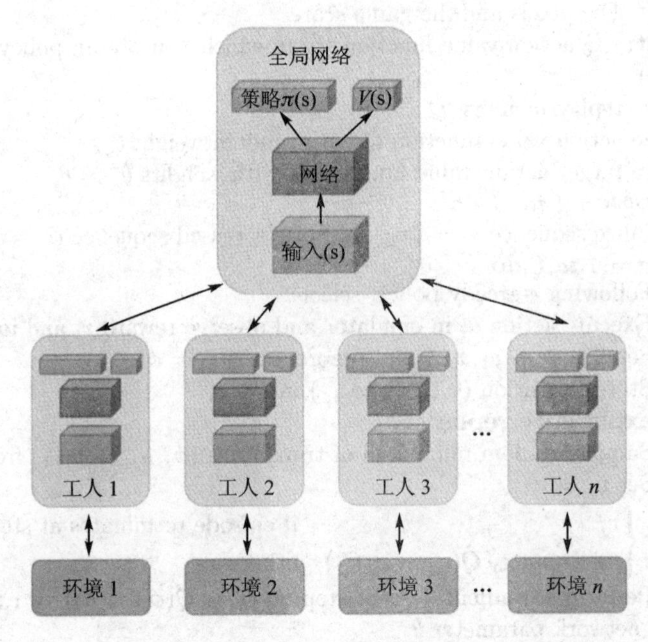

图 6-5 Actor-Critic 架构

(来源:https://medium.com/emergent-future/simple-reinforcement-learning-with-tensorflow-part-8-asynchronous-actor-critic-agents-a3c-c88f72a5e9f2)

与 DQN 不同,其中单个智能体由与单个环境交互的单个神经网络表示,A3C 使用多个智能体来更有效地学习。在 A3C 中,有一个全局网络和多个工作智能体,每个智能体都有自己的一组网络参数(见图 6-6)。这些智能体中的每一个在其他智能体与其环境交互的同时与其自己的环境副本交互。这比单一智能体更好地工作(超出完成更多工作的速度)的原因是每个智能体的经验独立于其他智能体的经验。通过这种方式,可用于训练的整体经验变得更加多样化。

接下来介绍每个 Actor 学习线程的异步优势 Actor-Critic 的伪代码。A3C 保持策略 $\pi(a_t|s_t;\theta)$和值函数 $V(s_t;\theta_v)$的估计值,在每次 $t_{\max}$ 操作或达到终端状态后,在前视图中用 n 步返回进行更新,类似于使用小批量。梯度更新可以被看作是

$$\nabla_{\theta'} \log \pi(a_t|s_t;\theta')A(s_t,a_t;\theta,\theta_v)$$

其中,$A(s_t,a_t;\theta,\theta_v)=\sum_{i=0}^{k=1}\gamma^i r_{t+i}+\gamma^k V(s_{t+k};\theta_v)-V(s_t;\theta_v)$ 是优势函数的估计值,k 以 $t_{\max}$ 为上界。

Actor-Critic 结合了价值迭代方法(Q 学习)和策略迭代方法(策略梯度)的优势。A3C 估计值函数 $V(s)$(特定状态有多好)和策略 $\pi(s)$是一组完全的动作概率输出网络顶部的连接层。关键的是,智能体使用价值估计(Critic)更有效地更新政策(Actor)。

Global shared parameter vectors θ *and* θ_v, *thread-specific parameter vectors* θ' *and* θ'_v
Global shared counter $T = 0$, T_{max}
Initialize step counter $t \leftarrow 1$
for $T \leqslant T_{max}$ **do**
  Reset gradients, $d\theta \leftarrow 0$ *and* $d\theta_v \leftarrow 0$
  Synchronize thread-specific parameters $\theta' = \theta$ *and* $\theta'_v = \theta_v$
  Set $t_{start} = t$, *get state* s_t
  for s_t *not terminal and* $t - t_{start} \leqslant t_{max}$ **do**
    Take a_t *according to policy* $\pi(a_t|s_t;\theta')$
    Receive reward r_t *and new state* s_{t+1}
    $t \leftarrow t+1, T \leftarrow T+1$
  end
  $R = \begin{cases} 0 & \text{for terminal } s_t \\ V(s_t, \theta'_v) & \text{otherwise} \end{cases}$
  for $i \in \{t-1, \ldots, t_{start}\}$ **do**
    $R \leftarrow r_i + \gamma R$
    accumulate gradients wrt θ':
    $d\theta \leftarrow d\theta + \nabla_{\theta'} \log \pi(a_i|s_i;\theta')(R - V(s_i;\theta'_v))$
    accumulate gradients wrt θ'_v: $d\theta_v \leftarrow d\theta_v + \nabla_{\theta'_v}(R - V(s_i;\theta'_v))^2$
  end
  Update asynchronously θ *using* $d\theta$, *and* θ_v *using* $d\theta_v$
end

图 6-6　A3C,基于每个 Actor 的学习线程[MBM+16]

使用优势估计而不仅仅是折扣回报的洞察力(insight)允许智能体不仅确定其行为有多好,而且确定它们的结果比预期的好多少。直观地,这允许算法关注网络预测欠缺在哪里。

$$\text{Advantage}: A = Q(s,a) - V(s)$$

由于不会直接在 A3C 中确定 Q 值,因此可以使用折扣(discounted)回报(R)作为 $Q(s,a)$的估计值,以便生成优势估计值。

6.4　机器人与控制

机器人技术仍然是 AI 应用最好的选择。现实总是落后于好莱坞的世界末日杀手机器人的大肆宣传。然而,DL 带来了一套完整的新工具包,以帮助解决与机器人相关的一些复杂任务,例如运动、抓取和物体操纵以及传感器数据处理。本节回顾了最近的一些突破和应用。

机器人技术中最重要的任务之一是物体抓取。Pinto 和 Gupta 提出了一种自动训练机器人(Baxter)进行物体抓取的艰巨任务的方法，而不依赖于人类标记的数据集，读者可参考 *Supersizing Self-supervision：Learning to Grasp from 50K Tries and 700 Robot Hours*(《超越自我监督：从 50K 尝试和 700 个机器人小时学习掌握》，https://arxiv.org/abs/1509.06825)。他们使用了机器人自动收集了 50 000 个数据点的庞大数据集进行超过 700 小时的抓取尝试。这允许训练深度卷积神经网络(CNN)用于预测任务抓住位置。多阶段学习方法，其中在一个阶段训练的 CNN 用于在后续阶段收集正/负示例，在新对象中获得 66%的准确度，在已经看到的对象上获得 73%的准确度。作者声称，相对于基于几何的方法，该方法的优势在于 CNN 不会忽略对象的密度和质量分布。

在马里兰大学的一个项目中，Y. Yang 等人再次使用机器人 Baxter 学习操纵和构思行动计划、观看视频(www.umiacs.umd.edu/yzyang/paper/YouCookMani_CameraReady.pdf)。他们使用两个基于 CNN 的识别模块，以及用于动作预测的语言模型(具有 RNN)，并使用基于语法的概率操作解析器(Viterbi)生成命令。机器人通过观看由不受约束的演示视频组成的烹饪视频(烹饪数据集)学习。系统能够稳健地识别和生成动作命令，这一点可以通过广泛指定的自然语言输入准备新配方的能力来证明。

最近，Levine 等人[LFDA16]提出了一种用于机器人物体操纵的手眼协调的方法，需要最少的规划。人类在很大程度上依赖于物体处理和复杂协调的持续视觉反馈。然而，将复杂的感官输入直接结合到反馈控制器中是具有挑战性的。因此，作者提出了一种基于学习的手眼协调方法，使用直接来自图像像素的端到端训练。这种方法通过不断重新计算最可能的运动指令，不断整合来自环境的感官线索，允许它调整运动，以最大化特定任务成功的概率。这意味着模型不需要相对于末端执行器精确地校准相机，而是依赖于视觉提示来确定夹具和场景中的可抓取物体之间的空间关系。

伯克利机器人研究人员使用消费者级的虚拟现实设备(Vive - VR)、一个有点儿年纪的 Willow Garage 的 PR2 机器人，以及为远程操作员构建的定制软件来创建一个单一的系统来示教机器人执行任务。该系统使用单一的神经网络结构，能够将原始像素输入映射到动作，读者可参阅 https://arxiv.org/abs/1710.04615。对于每个任务，不到 30 分钟的演示数据足以学习成功的策略，所有任务都使用相同的超参数设置和神经网络结构。任务包括伸展、抓取、推动、将一个简单的模型平面放在一起、用锤子去拔钉子、抓取一个物体并将其放在某个地方、抓取一个物体并将其放在碗中，然后推动碗，移动布，连续地对两个物体拾取和放置。在许多任务的测试时间内，以 90%的准确率获得了很有竞争力的结果，但需要注意的是，两个物体的拾取和放置达到了 80%(因为现代人工智能技术仍然存在物理动作序列的问题)，并且在拾取和丢弃物体放入碗中，然后推动碗的类似任务上达到了83%左右。

Peng等人[PBVDP16]使用经过强化学习和基于物理的模拟训练的深度神经网络，从基本原理出发，开发出具有状态、动作、奖励和控制策略的顺序决策问题，取得了显著效果。他们能够设计直接对高维字符状态描述(83维)和环境状态进行操作的控制策略，环境状态包括使用200维的接近地形的高度场图像。他们还将操作空间参数化为29个维度，从而允许控制策略在边界、跳跃和步骤级别上操作。其新颖之处在于引入了Mixture of Actor-Critic Experts (MACE)体系结构，以加速学习。MACE制定了n个单独的控制策略及其相关的价值函数，每个都专门研究整体运动的特定机制。在最终策略执行过程中，与最高值函数相关联的策略以类似于具有离散操作的Q学习的方式执行。结果很有意思，相关视频可参见https://www.youtube.com/watch? v=HqV9H2Qk-DM，论文可参见www.cs.ubc.ca/van/papers/2016-TOG-deepRL。

最近，DeepMind开发了一种算法(https://arxiv.org/abs/1707.02286)来训练智能体(人形和蜘蛛形)，以学习如何在具有挑战性的虚拟景观中行走、跑步和跳跃。其利用丰富的环境来促进智能体沉浸于复杂行为的学习。DeepMind使用了一种策略梯度强化学习的变体，称为近端策略优化，来教授智能体在不使用任何明确的基于奖励的指导的情况下跑、跳、蹲和转。更多内容读者可参考https://deepmind.com/blog/producing-flexible-behaviours-simulated-environments/。

6.5 自动驾驶汽车

通过分析不同的信号集，深度学习在自动驾驶汽车技术中发挥着重要作用，视频是最具挑战性的。最近随着谷歌无人驾驶汽车的成功，几乎所有汽车制造商都在考虑未来版本的汽车。一些正在测试的车型比如丰田普锐斯，奥迪TT和雷克萨斯RX450h。特斯拉S3可能是第一款具备自动驾驶功能的生产型汽车。所有这些模型都依赖于深度学习技术进行对象的识别、规划、路径规划和目标规避。

谷歌开发了自己的定制车辆，由Roush Enterprises组装。它依靠64束激光探测器，允许车辆生成其环境的详细3D地图。该算法使用这些地图并将它们与世界上的高分辨率地图相结合，生成足够详细的自导航模型。谷歌以自主模式测试了其车队，总数超过150万英里。谷歌的车辆已经证明能够在城市交通繁忙以及挑战越野地形的情况下驾驶。

百度正在大力投资自动驾驶汽车，使用Apollo软件计划在2018年推出一款完全自动驾驶的公交车。三星还在韩国测试自动驾驶汽车，而GM和Cruise在2017年宣布首次量产自动驾驶汽车。其他公司，如Otto专注于自动驾驶卡车的软件。自动驾驶汽车的核心技术基于 DL 算法。百度和谷歌正在推动政府对自动驾驶汽车的监管,声称他们只需要实际基础设施的微小变化。百度的目标是到 2018 年在中国城市开通班车服务,另一家创业公司 NuTonomy 正计划在新加坡开设自己的班车服务。

Drive. ai 也致力于将 DL 引入自动驾驶汽车技术。Drive. ai 不是编程汽车,而是允许算法自己学习,尽管他还没有透露该公司距离该技术还有多远。

自动驾驶需要直观的心理学。自动驾驶汽车需要有一些常识性的理解,或者能够推断出行人的行为和信念(他们认为过马路是安全的吗?他们是否正在关注?)以及欲望(他们想去哪里?他们是否匆忙?)。同样地,路上的其他车手也有类似的复杂心理状态(他们想改变车道或超过另一辆车吗?)。这种类型的心理推理,以及其他类型的基于模型的因果和物理推理,在具有相关训练数据的挑战性和新颖的驾驶环境中可能特别有价值。最近发生的特斯拉 Model S 汽车以自动驾驶模式驾驶导致驾驶员死亡,引发了对该技术安全性和可靠性的担忧。尽管特斯拉声称它测试了超过 1 亿英里的自动驾驶技术,很明显,一些未确定的事件仍然需要改进(例如如何在不太可能发生的事件中驾驶车辆,例如在高速公路上逆行或与醉酒驾驶员合作)。

加州大学伯克利分校推出了 DeepDrive 平台(https://deepdrive. berkeley. edu/)。所谓的 BDD 产业是 Consortium 研究汽车应用的计算机视觉和机器学习方面的最新技术。这是一个多学科的中心,由加州大学伯克利分校主办,由 Trevor Darrell 教授领导。该中心致力于开发新兴技术,并在汽车行业实际应用。

6.6 会话机器人(聊天机器人)

聊天机器人,也称为会话智能体或对话系统,是设计用于具有真人级会话功能的算法。有几家公司正在使用这项技术,作为个人助理或是语言理解的会话算法。机器人的目标是达到与人类无法区分的自然对话水平,从而能够通过图灵测试。有两种类型的机器人:基于检索的机器人使用预定义响应的存储库和一些启发式,根据输入和上下文选择适当的响应;生成模型根据过去的经验和上下文生成自动响应。后者大部分都依赖于深度学习技术。

生成模型可以非常复杂,并从创建潜在的数据表示中学习。它们很灵活,但需要大量的文本(训练数据)。像文献[SVL14]这样的序列到序列学习方法具有很大的潜力,但大多数生产系统仍然基于对话检索的硬规则。简短的文字对话更容易优化,特别是在封闭领域知识中,可能的输入和输出空间在某种程度上局限于特定的背景。

Vinyals 等使用序列到序列框架来创建一个会话模型,能够预测会话中先前一个句子的下一个句子[VTBE14]。它的设计是端到端的,需要一些精心设计的功能。他们使用大型会话数据集对其进行训练，并且能够使用 IT help-desk 数据集提供良好的建议，同时在电影会话数据集中显示常识性推理。但是，聊天程序在对话中无法保持一致（见图 6－7）。

Human: *what is the purpose of life?*
Machine: *to serve the greater good.*
Human: *what is the purpose of living?*
Machine: *to live forever.*
Human: *what is the purpose of existence?*
Machine: *to find out what happens when we get to the planet earth.*
Human: *where are you now?*
Machine: *i'm in the middle of nowhere.*
Human: *what is the purpose of dying?*
Machine: *to have a life.*
Human: *what is the purpose of being intelligent?*
Machine: *to find out what it is.*
Human: *what is the purpose of emotions?*
Machine: *i dont't know.*

图 6－7　Google Cleverbot 的对话摘录

Serban 等人[SSB+15]最近提出了一种使用生成分层神经网络模型的端到端对话系统。作者提出了一种分层循环自动编码器，并将其应用于一个数据集（名为 MovieTriples），其中包含对约 500 部电影的评价和评论。从每部电影中提取了大约 200 000 个三元组。三元组 U1、U2、U3 是两个对话者 A 和 B 之间的三次对话，其中 A 发出第一个话语 U1，B 用 U2 回应，A 回应最后一个话语 U3。他们表明，该模型在语言和语言行为建模方面优于 n-gram 模型，达到了 26 左右的困惑度，约为 n-gram 方法的一半。作者发现了两个提高性能的关键要素：使用大型外部独白语料库初始化单词嵌入，以及使用大型相关但非对话语料库预处理循环网络。

Yao 等人[YZP15]提出了一个名为 Attention with Intention（注意意向）的模型。他们的模型由三个递归神经网络组成：编码器，它是一个代表句子的词级模型；意图网络，是一个模拟意图过程动态的经常性网络；解码器网络，它是一个循环网络，在输入时产生响应。注意意向模型是一种依赖于意图的语言模型，具有注意机制。该模型从端到端进行训练，没有标记数据，使用 10 000 个对话，涉及来自服务台呼叫中心的大约 100 000 个来回。使用 200 的嵌入维度，作者实现了 22.1 的困惑度。

生成模型很强大，但语法错误可能代价高昂，因此公司仍然依赖旧的检索技术。然而，随着公司获得更多数据，生成模型将成为常态，可能会受到一些人为监督，以防止"不当行为"，就像微软推特聊天机器人 Tay 发生的那样（https://en.wikipedia.org/wiki/Tay_(bot)）。

大多数大公司正在使用、测试或考虑在其服务和运营中实施聊天机器人。利用其个人助理 Cortana 的经验，微软最近开源了聊天机器人实施的开发框架，并发布了用于语言理解的 API Luis. ai。

Facebook 收购了一家致力于语音识别技术的公司 Wit. ai。Apple 正在改进 Siri 和 Google Cleverbot。IBM 提供了一个简单的 API，可将其强大的知识推理机器 Watson 嵌入到会话机器人中。

这些服务中的大多数都可以轻松地整合到 Twitter、Whatsapp、Skype、微信、Telegraf 或 Slack 等对话服务中。例如，Slack 允许基于硬规则或软规则的简单或复杂对话自动化。它与 Howdy 集成以自动执行重复性任务。Howdy 问问题，收集回复并发表报告。Chatfuel. com 是聊天实施的平台。

目前已经有很多使用 RNN 和深度学习技术的会话机器人。例如，Medwhat 是一名医疗顾问，负责探索生物医学数据的大型数据集，以回答与健康相关的问题并创建个人建议。由于精炼信息的迭代过程，会话机器人也是一种更自然的搜索方式，例如，www. intellogo. com，它使用 DL 进行上下文搜索。chatbotsmagazine. com 提供了聊天机器人的一些好的资源和新闻。

聊天机器人的主要挑战是上下文合并，特别是在长期对话和与身份持久性相关的问题中。

以下是聊天机器人应用的简短列表：

Quartz：新闻聊天机器人（News chatbot）；

Operator：购买助手（Buying assistant）；

First Opinion：医生聊天机器人（Doctor chatbot）；

Luka：旧金山的餐厅推荐（Restaurant recommendations in San Francisco）；

Lark：健身教练（Fitness coach）；

Hyper：航班和酒店（Flights and hotels）；

Pana：航班、酒店、推荐（Flights，hotels，recommendations）；

Fin：一般会议（General meetings）；

Penny：个人理财教练（Personal finance coach）；

Mezi：购物助理（Shopping assistant）；

Evia：保险助理（Insurance assistant）；

Suto：专家产品推荐（Expert product recommendations）；

HelloShopper：礼物创意（Gift ideas）；

Ava：专家发现者（Expert finder）；

X. ai：个人助理（Personal assistant）；

Alice：人工智能伙伴（Artificial intelligence partner）。

最近 Facebook 推出了 ParlAI(https://code.facebook.com/posts/266433647155520/parlai-a-new-software-platform-for-dialog-research/),ParlAI 平台结合了AI的不同优点,使对话机器人更有效率。

该框架为研究人员提供了一种更简单的方法构建会话式 AI 系统,并使开发人员更容易构建聊天机器人,这些聊天机器人不会被意外问题轻易困扰。长期的希望是 ParlAI 将通过减少开发和基准测试不同方法所需的工作量来推进自然语言研究的最新技术水平。它内置了 20 种不同的自然语言数据集,包括斯坦福、微软和 Facebook 的问答示例,并提供与流行的机器学习库的兼容性。

Woebot 由斯坦福大学的心理学家和人工智能专家团队创建,使用简短的日常聊天对话、情绪跟踪、策划视频和文字游戏来帮助人们管理心理健康。在去年建立测试版和收集临床数据之后,Woebot Labs 刚刚推出了完整的商业产品——一个执着的、个性化的聊天机器人,每天与你沟通,服务费每月 39 美元。

6.7 新闻聊天机器人

零售银行和金融科技创业公司正在探索使用聊天机器人进行数字体验,以检查银行账户余额,查找附近的 ATM,付款,甚至建议如何更明智地花钱。

在其他竞争对手(如 Slack)开始自动化某些对话之后,Zendesk 推出了一个聊天机器人来自动解决客户查询问题。

Deep Learning for Chatbots (www.wildml.com/2016/04/deep-learning-for-chatbots-part-1-introduction/)提供了关于如何使用来自于 Ubuntu 论坛的数据建立从头开始的机器人程序的优秀教程。

有些银行,如 Toshka 银行和苏格兰皇家银行,已经为客户服务引入了会话机器人,并有望成为能够提供全方位银行服务功能的完全私人助理[AV18]。

Stratumn 与 Deloitte 和 Lemonway 合作,使用 LenderBot 管理小额保险,通过社交媒体实现定制保险。Digibank 将聊天机器人作为银行体验的一个组成部分,并声称拥有最集成的解决方案。DBS(星展)银行正在使用聊天机器人管理他们的钱并在 Facebook 和 WhatsApp 上付款。Olivia AI 使用会话智能体管理账户和交易,并提供省钱的方案,而现任丹麦银行 LunarWay 已经推出了自己的聊天机器人。

最近一款名为 Fin(https://www.fin.com)的产品声称能够取代行政助理。它是一个像 M 这样的混合人工聊天机器人,每月花费 120 美元(每月累计 2 小时,每次仅几秒)。大多数会话助手只“理解”并执行基本命令,例如“在 Spotify 上播放一些音乐”或“启动计时器 20 分钟”。但 Fin 声称其对话机器人可以理解复杂的语音命令。Fin 可以购买产品,找到出租车,并创建包含选项、价格和可用性列表的 Google

文档。它甚至可以预订会议并在 eBay 上购买物品。

Phocuswright 的一个新的聊天机器人被提议帮助旅游业。不必进入在线旅行社进行搜索并查看 150 家酒店的列表,而是在你的个人资料中输入你要查找的内容,聊天机器人在消息界面中提供三到四个精选列表。其他为旅游业建造聊天机器人的公司包括 Pana 和 Mezi。

在美国,一个叫 AskMyUncleSam 的机器人(http://askmyunclesam. com/)可帮助纳税人填写表格,回答有关可能减税的问题。读者可以将其视为常见问题解答数据库,就像用户可以聊天的真人一样。

Digit 是一家旧金山创业公司,专注于帮助客户使用其算法分析收入和消费习惯来节省资金,并找到可预留的少量资金。

蒙特利尔学习算法研究所(MILA)的研究人员发表了一份研究论文,概述了 MILABOT,他们的参赛作品进入亚马逊的 Alexa 对话智能体竞赛(https://arxiv. org/abs/1709. 02349)。他们不得不面对无限兴趣的人们开放式的对话互动。MILABOT 是一名半决赛选手,在进行一些最长时间的比赛时,其用户满意度方面得分相当高。它依赖于强化学习所捆绑的整体策略,以决定如何在不同模型之间进行选择以改善对话。

6.8 应 用

Boston Dynamics 开发了 Atlas,旨在室外和室内运行。它专门用于移动操作,是电动和液压驱动的。它在身体和腿部使用传感器来平衡头部和立体感应器,以避开障碍物,评估地形,帮助导航和操纵物体。

BIG-I 是由 Tin Lun Lam(徐扬生)设计的人形机器人,是一种服务机器人,旨在帮助房主做各种各样的家务。它可以通过使用爪状机械手来跟踪各种家用电器的位置和从一点到另一点的物品运输。

中国首次推出机器人保安 AnBot,这是一款具有先进紧急警报功能的智能巡逻机 ,基于导航和环境监测的能力。据开发人员称,AnBot 对于检测生化和爆炸相关的危险物品非常有用。

低成本自主导航和定位以及智能视频监控方面的突破为机器人的发展做出了贡献,除了其他功能外,机器人还能够在紧急情况下做出响应。

Kuri 是一个家庭机器人,能够识别宠物,以及高清视频和流媒体。梅菲尔德机器人公司的 Kuri(https://www. heykuri. com/)可以识别面孔和家庭成员、你的朋友和宠物。Kuri 拥有 1 080P 高清摄像头和虚拟眼睛,可以以高品质直播,以及捕捉静态图像和视频。

韩国制造业每10 000名工人中约有400名机器人。德国有近300个机器人，而美国刚刚超过150个。几年前发布的牛津大学研究预测，美国近50%的劳动力市场有机械化的风险。它预计，在几年内，近700种不同的人工作业可以完全自动化。

6.9 展 望

深度学习自动化手动流程和提高生产力的能力将对机器人行业产生深远影响。尽管它们在制造中广泛使用，但机器人昂贵且难以编程。对于大多数企业来说，机器人还没有应用。2015年，全球工业机器人的单位销售量仅为25万台，约为峰值主机设备的10倍。相比之下，2016年服务器和PC部门的销售额分别为1 000万和3亿。很明显，机器人技术处于起步阶段，需要在扩散前大幅提高成本和易用性。

成本改善正在顺利进行。ARK估计，目前大约10万美元的工业机器人的成本将在未来十年内下降一半。同时，设计用于与人类合作使用的新型机器人将花费大约30 000美元。像SoftBank的Pepper这样的零售助理机器人在服务时花费大约10 000美元的费用。利用消费电子行业的组件，如相机、处理器和传感器，可以使成本更接近这些消费产品。

更难克服的障碍是易用性。工业机器人不是以用户为中心设计的。它们需要使用工业控制系统进行精确编程，其中每项任务都必须被分解为六个维度的一系列运动，必须明确规划新任务，机器人无法从经验中学习并推广到新的任务。

这些限制将机器人的市场限制在那些任务可预测且定义明确的工业应用中。深度学习可以将机器人转变为学习机器。机器人不是精确编程，而是从数据和经验的组合中学习，使它们能够承担各种各样的任务。例如，仓库机器人能够从货架上挑选任何物品并将其放入货架中。对于许多企业来说，是非常需要这些机器人的。然而，直到最近，编程人员还没有能够开发出一款机器人来识别和掌握各种形状和大小的物体。

6.10 自动驾驶汽车的相关新闻

以下是一些需要关注的新闻：

- 特斯拉最近宣布，其配备自动驾驶仪硬件的车队共行驶了7.8亿英里，其中1亿英里使用了自动驾驶仪。特斯拉现在一天内获取的数据（相机、GPS、雷达和超声波）比谷歌自2009年启动以来记录的数据还要多！
- Europilot是一个开放源代码平台，用于训练自动驾驶卡车，它允许将复杂的技术上特定的游戏Eurotruck模拟器重新用作模拟环境，以便训练智能体通过强化学习驾驶。Europilot 提供了一些额外的功能来简化训练,并在其上测试人工智能,包括能够在训练时从屏幕输入并自动输出一个 Numpy 序列,在测试时创建一个可见的虚拟的屏幕操纵杆网络,可用于控制车辆。读者可以在 https://github.com/marshq/europilo 上找到代码。

- 波士顿动力公司发布了一个令人难以置信的最新发明的视频,SpotMini 的视频(https://www.youtube.com/watch?v=tf7IEVTDjng)是一个可运行 90 分钟的全电动机器人。它能自主操作一些任务,能够爬楼梯,爬起来,处理敏感抓握任务。
- Moley Robotics 的视频 https://www.youtube.com/watch?v=KdwfoBbEbBE 展示了一个机器人如何根据菜谱烹饪。
- 最近出版的一本名为 *Brain4Cars: Car That Knows Before You Do via Sensory-Fusion Deep Learning Architecture*(《Brain4Cars:知道的通过感觉融合深度学习架构的汽车》,https://arxiv.org/abs/1601.00740)的出版物,解决了预测和评估汽车驾驶员下一步行动(例如,转弯和撞一辆看不见的自行车)所需要的时间的问题,从发现到反应最多 3.5 秒。该方法依赖于配备有 LSTM 单元的 RNN,这些单元学习视频捕获、车辆动力学、GPS 数据和街道地图。
- 一辆拉力赛车的 1/5 复制品配备了复杂的控制算法,可以在越野赛道上高速行驶。该车被称为 Autorally,它有一个惯性测量单元、两个前置摄像头、GPS、每个车轮上的旋转传感器、一个 Intel 四核 i7 处理器、Nvidia GPU 和 32 GB RAM;它不需要其他外部传感或计算资源。该算法由在轨道上驾驶的驾驶员进行预训练。传感器测量然后被用来结合控制和规划,以实现自主驾驶。它每 16 ms 评估 2 560 个不同未来可能的轨迹,以选出最佳轨迹。
- Starship Technologies (https://www.starship.xyz/starship-technologies-launches-testing-program-self-driving-delivery-robots-major-industry-partners) 推出了一个大体上自主的运载机器人舰队,主要是做食品和小物件物流。
- Comma.ai 发布了一组包含 7.5 小时摄像头图像、转向角和其他车辆数据的公路行驶数据,使用具有自动编码器和 RNN 的对抗性生成网络来创建特定道路快照的下一个合理场景,以便网络预测车辆的下一个运动,给出模型想象的前方几百毫秒的道路的样子。
- 最近,Craig Quiter(https://hackfall.com/story/integrating-gta-v-into-universe)推出了一款基于 72 小时训练和使用 OpenAI Gymn 平台的 Grand Theft Auto(侠盗猎车手 GTA)视频游戏的驾驶模拟器环境(DeepDrive)。

这一想法将成为一个试验台，用于训练具有强化学习功能的自动驾驶汽车。此神经网络控制转向、油门、偏航和速度。

- 在 http://moralmachine.mit.edu/上，研究人员表明，与其研究参与者希望成为不惜一切代价保护乘客的汽车中的乘客，而更愿意其他人购买受功利主义伦理道德控制的汽车（为了更大的利益而牺牲乘客）。人类伦理学的矛盾比比皆是。
- 百度推出了阿波罗平台（http://apollo.auto/）。百度声称自己是世界上最大的自主驾驶平台合作伙伴生态系统之一。阿波罗自主驾驶计划有 50 个合作伙伴，其中包括一汽集团（中国主要的汽车制造商之一），他将与百度合作，实现这项技术的商业化。其他合作伙伴包括中国汽车公司奇瑞（Chery）、长安（Changan）和长城汽车（Great Wall Motors），以及博世（Bosch）、大陆（Continental）、英伟达（Nvidia）、微软云（Microsoft Cloud）、Velodyne、TomTom、UCAR 和 Grab Taxi。
- 韩国推出了“K 城”（www.businesskorea.co.kr/english/news/sciencetech/18018-k-city-world's-largest-test-bed-self-driving-cars-be-opened-korea），被誉为世界上最大的自动驾驶汽车试验台。K-City 的开放是为了通过提供一个和城市一样大的试验场，为开发商提供更多的帮助。
- 美国众议院于 2017 年 8 月通过了 *SELF DRIVE Act*（《自动驾驶法案》，https://www.wired.com/story/congress-self-driving-car-law-bill/）。该法案为国家公路交通安全管理局（NHTSA）提供了与常规车辆相同的权力，以规范自动驾驶车辆的设计、建造和性能。在接下来的 24 个月里，NHTSA 将编写汽车制造商必须遵守的功能集和规则，以证明他们的汽车是安全的。该法案还提出了一个“隐私计划”，即汽车制造商必须描述他们将如何收集、使用和存储乘客数据。NHTSA 也可以向测试自动驾驶汽车的公司发放数万张执照。
- 最近，OpenAI 的一篇论文提出了一种通过人与人之间的互动来训练强化学习智能体的方法（https://arxiv.org/pdf/1706.03741.pdf）。这是一个重大突破，因为传统的强化学习不容易适应通过人类交流方式学习。作者探讨了在不使用奖励功能的情况下解决复杂的 RL 任务（包括 Atari 游戏和模拟机器人运动）的非专家人类偏好定义的目标。他们能够用大约一小时的时间在智能体上训练复杂的新奇行为。

第三部分

深度学习：商务应用

第 7 章　推荐算法和电子商务

电子商务和数字营销正在成为数据密集型领域。深度学习可以在这些领域产生巨大的影响，因为高收益可以通过精确性的边际收益实现。例如，在 PC 或移动设备上与 Web 内容交互的用户点击率 CTR(Click-Through Rate)、预测或转换率 CR (Conversion Ratio)的边际改进，可能会节省数百万美元的客户获取成本。然而，这个问题变得越来越复杂，因为用户在购买产品之前的过程可能很复杂，在购买之前有许多接触点。因此，复杂的模型属性(在购买产品之前发现用户的轨迹)是正确分配广告预算所必需的。

在线用户响应预测、点击率和转换对于网络搜索、推荐系统、赞助搜索和显示广告都至关重要。例如，在线广告中，针对个人用户的数字迁移能力是至关重要的。这些定位技术依赖于预测广告相关性的能力，也就是说，依赖于用户在特定环境下单击广告，然后购买某些产品或服务的可能性。

凭借 2 万亿美元的规模，电子商务有强烈的动力依赖更复杂的推荐算法来改善用户体验，并通过交叉销售或追加销售来增加销售额。

7.1　在线用户行为

根据网站中以前的交互，预测用户的意向性(购买给定产品或服务的愿望)，对于电子商务和广告显示网络，特别是重定目标至关重要。通过跟踪消费者的搜索模式，在线商家可以深入了解他们的行为和意图。

在移动电子商务中，有一组丰富的数据可用，潜在的消费者在做出购买决定之前会搜索产品信息，从而反映出消费者的购买意图。用户显示不同的搜索模式（即每个项目花费的时间、搜索频率和返回访问）。

Clickstream 数据可以用来量化使用机器学习技术的搜索行为，主要集中在购买记录上。虽然“购买”表示消费者在同一类别中的最终偏好，但搜索也是衡量特定类别意向性的重要组成部分。可以使用概率生成过程来建模用户探索和购买历史，其中引入潜在的上下文变量捕获来自时间和位置的同时影响。通过识别消费者的搜索模式，可以预测他们在特定环境中的点击决策，并推荐合适的产品。

现代搜索引擎使用机器学习方法来预测网络内容中的用户活动。流行的模型包括逻辑回归（LR）和增强的决策树。与 LR 相比，神经网络具有优势，因为它们能够捕获输入特征之间的非线性关系，而且它们的“更深”架构具备固有的更大建模强度。尽管决策树在这个领域很受欢迎，但它还面临着高维和稀疏数据的额外挑战。受深度神经网络启发的概率生成模型的优势在于，它们可以模拟消费者的购买行为过程，并捕获潜在变量来解释数据。

本书作者在 2016 年的论文中提出了一种基于自动编码器的算法（https://arxiv.org/pdf/1511.06247.pdf），用于识别导致购买会话的某些用户的活动模式，然后作为模板外推，以预测相关网站的高购买概率。其使用的数据包括大约 100 万个包含用户点击数据的会话。然而，只有 3%的训练数据包含购买会话，这使得它成为一个非常不平衡的数据集。为了解决这个问题，作者使用了一种欠采样技术（即只选择一部分负面例子）。

7.2 重新定向

赞助搜索、上下文广告和最近出现的实时竞价（RTB）显示广告都依赖于学习模型预测广告点击率的能力。目前应用的 CTR 估计模型大多是线性的，从逻辑回归[E12]和朴素贝叶斯到逻辑回归，将大量稀疏（分类）特征和独热编码作为输入。线性模型具有易于实现和高效学习的优点，但由于其在学习非平凡模式（即特征之间的交互）方面的失败，其性能也相对较低[LCWJ15]。

另一方面，非线性模型能够利用不同的特征组合，因此可以潜在地改善估计性能。例如，分解机器（FM，Factorization Machines）映射用户并将项目二元特征转换为低维连续空间（www.algo.uni-konstanz.de/members/rendle/pdf/Rendle2010FM.pdf）。与 SVM 相比，FM 使用分解参数明确地模拟变量之间的相互作用，即使在诸如推荐系统之类的大稀疏性问题中也表现良好。

渐变增强树[M13]是一种集合技术，可在生成每个决策/回归树时自动学习特征组合。这些技术中的一些（例如随机森林）具有优于人工神经网络的优势，即使在高维度问题中它们也几乎不会过度拟合。然而,增强技术,如极端梯度增强(XGBoost),特别是在与随机森林进行比较,即使是内置的正则化项,也可以轻松地过度拟合数据。

无论这些模型多么强大,都无法利用不同功能的所有可能组合。此外,许多模型需要手动设计特征工程,例如,按一周中的某一天或一年中的某个月汇总交互。主流广告CTR估计模型的另一个问题是大多数预测模型具有浅层结构并且具有有限的表达以描述来自复杂和大数据集的底层模式,因此限制了它们的泛化能力。

将DL应用于此问题的难点在于,CTR估算中的大多数输入要素都是离散类别,可能包含数千个不同的值:位置、设备、广告类别等。此外,它们的本地依赖性大多是未知的。深度学习可以通过学习特征表示来改善CTR估计。

Zang等人(http://wnzhang.net/papers/ortb-kdd.pdf)开发了用于实时出价显示广告幻灯片的出价优化算法,读者可参考 http://wnzhang.net/slides/ecir16-rtb.pdf。RTB通过激励用户数据出价来超越上下文广告,而不是与赞助搜索(Google AdWords)拍卖相混淆。需求方面需要自动化。基于一些预算,希望最大化某些KPI,例如转化或销售。作者得出了简单的出价函数,并得出结论:最优出价策略应该尝试提高出价,而不是关注一小部分高价值的展示。与评价较高的印象相比,评价较低的印象更具成本效益,赢得它们的机会相对较高。

7.3 推荐算法

推荐算法在几乎所有的电子商务网站中都是普遍存在的。推荐系统(RS,Recommender System)是一种向用户推荐他感兴趣的项目的算法。它使用一组有限项目(显式(分级)或隐式(监视用户行为,如听到的歌曲、下载的应用程序、访问的网站))及用户或项目本身的信息,作为用户过去首选项(事务数据)的输入信息。RS还可以使用人口统计学(年龄、国籍、性别)、社交媒体(追随者、关注者、推特)和物联网信息(GPS位置、RFID、实时健康信号)。

作为输出,RS为每个用户创建物品的排序列表,其可以考虑特定上下文。RS的评估不仅取决于准确性(用户接受的物品的比例),还取决于新颖性(算法在向新用户推荐新物品时有多好)、分散性(推荐对不太受欢迎的物品的多样性)和稳定性(如何随着时间的推移保持预测)。

推荐系统一般有以下三种:

- 基于事务的协作过滤器(CF,Collaborative Filter);
- 基于内容的CF;
- 混合方法。

基于内容的方法利用用户配置文件或产品描述来获取建议。基于 CF 的方法使用过去的活动或偏好，例如对物品的用户评级，而不使用用户或产品内容信息。混合方法结合了基于内容和基于 CF 的方法。

7.3.1 协同过滤器

协同过滤是一种流行的推荐算法，它使用物品上其他用户的评级（或行为）来预测用户购买其他产品的可能性。它假定过去用户的意见提供了足够的信息来选择新产品的未来偏好。如果用户同意某些物品，那么他们可能会同意其他具有相关性的物品。

CF 有两种类型：用户到用户和物品到物品。用户对用户的 CF，也称为 k－NN CF，是一种简单的算法，可根据两个用户与物品或产品的交互模式之间的矢量相似性来评估两个用户之间的相似性（见图 7－1）。随着用户群的增长，用户到用户的 CF 遇到可扩展性问题，因为搜索相邻用户是非常耗时的。

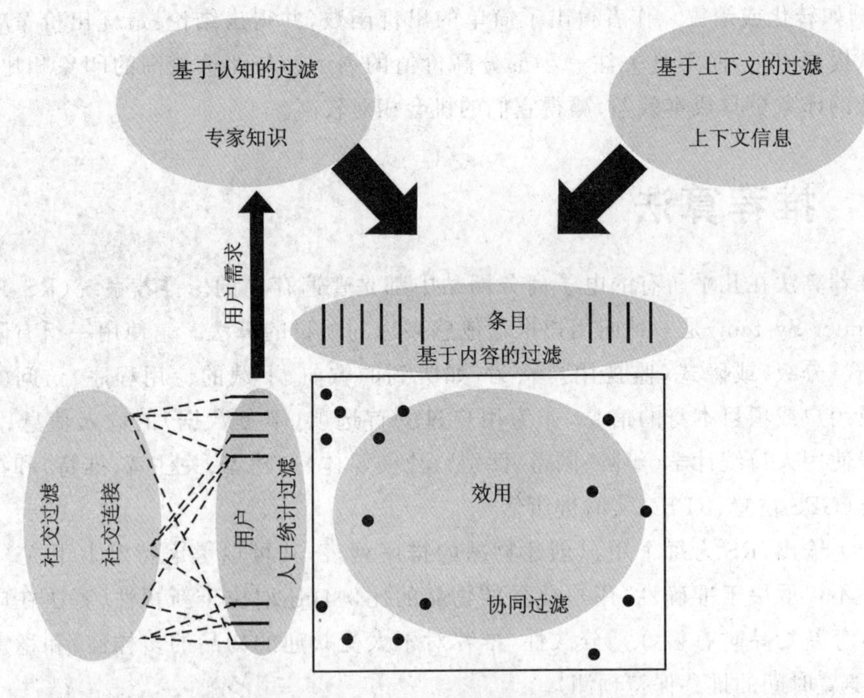

图 7－1 基于协同过滤算法的推荐系统

物品到物品的 CF 在产品之间具有相似性，并且首先被亚马逊广泛采用，它不是使用用户评级行为之间的相似性来预测偏好，而是使用物品的评级模式之间的相似性。与用户对用户的 CF 相比，此方法更具可扩展性并能获得更好的结果。

CF 算法有两个重要的问题:冷启动和内部推荐全局。第一个问题是严重的问题:如果存在很少的评论或者许多新的用户/物品是数据库(制作非常稀疏的用户到物品矩阵),则系统难以创建推荐;第二个问题涉及仅推荐排序前面的项目,使系统缺乏多样性。深度学习模型旨在解决这两个问题。

7.3.2 RS 的深度学习算法

基于协同过滤器的算法使用由用户给予物品的评级作为创建推荐的唯一信息源。然而,评级的稀疏性可能会降低基于 CF 方法评级的性能。解决此问题的唯一方法是使用物品内容等辅助信息。协作主题回归是一种采用这种方法并紧密耦合这两个组件的方法,读者可参考 https://arxiv.org/abs/1409.2944。然而,当辅助信息稀疏时,通过协作主题回归学习的潜在表示可能是无效的。

DL 可以通过以分层贝叶斯方式推广协作主题回归来解决此问题。与传统技术相比,深度学习技术还允许从物品特征(文本、图像、视频和音频)中提取更好的特征。这允许更准确的物品建模以及潜在的混合和基于内容的方法的能力。深度学习方法提供的另一个优点是它们允许不同的数据视图,允许标准的协同过滤技术,例如矩阵分解,并且经常将用户到物品的交互视为矩阵结构化数据,通常忽略数据中的时间结构和顺序。诸如卷积和递归神经网络等深度学习技术允许对此数据中的时间结构进行建模,从而显著提高性能。

Salakhutdinov 等人通过提出基于深度信念网络的架构,率先将 DL 用于推荐系统,使用潜在节点来表示数据的隐藏特征,读者可参考 www.machinelearning.org/proceedings/icml2007/papers/407.pdf。作者使用这种架构的修改版本在 Netflix 电影评级竞赛中取得了不错的成绩。

最近,Hao[WWY15] 提出了一种称为协作深度学习(CDL,Collaborative Deep Learning)的方法,该方法可以从项目/用户的内容中联合学习深度表示,同时还可以考虑具有显著更好结果的评分矩阵。

CDL 依赖于一种使用紧密耦合方法的技术,这种方法允许评级矩阵和内容之间的双向交互(见图 7-2)。评级信息指导特征的学习,而且,提取的特征可以提高 CF 模型的预测能力。紧耦合方法通常优于松耦合方法。这种方法结合了基于概率主题建模的 CF、潜在因素和内容分析的思想。

对于特定用户,CDL 可以推荐喜欢类似物品的其他用户的物品。潜在因子模型适用于推荐已知物品,但不能推广到以前未见过的物品。为了能够推荐到未见过的物品,该算法使用主题模型。主题模型根据从集合中发现的潜在主题提供了物品的表示。这个额外的信息可以推荐与用户喜欢的其他物品具有相似内容的物品,即使

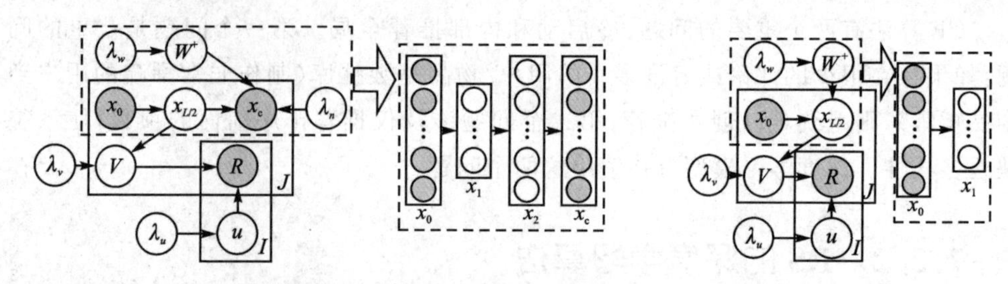

左边是图形模型，虚线矩形表示自动编码器(auto-encoder)；

右边是退化模型的图形模型，虚线矩形表示 SDAE 的编码器(encoder)组件。

图 7-2　可能的协作深度学习模型的方案

(来源:http://www.wanghao.in/paper/KDD15_CDL.pdf)

不使用任何先前的评级。物品的主题表示允许算法在任何人评价之前对文章做出有意义的推荐。

这种方法的有用性在于它可以以半监督的方式创建用户、产品和关系之间相似性的平滑语义图。另一个很大的优点是它可以很好地推广，从而克服冷启动问题。问题是每次添加新用户或产品(或通过智能体工作)时都需要创建新节点。

值得注意的是，当使用单一的度量(即精确性或召回)来评估一个 RS 时，应该小心。应该考虑分散性和新颖性，因为它们可能与产品相关。其他重要的指标是算法学习的速度，以解决不可避免的冷启动问题，以及它对于高需求应用程序的可扩展性。

7.3.3　Item2Vec

在 Item2Vec(https://arxiv.org/abs/1603.04259)中，作者将 Word2vec 扩展为基于物品的产品推荐。当用户数量超过目录中的物品数量时，例如音乐，或者由于用户匿名浏览电子商务页面时用户与物品之间的关系不可用时，此方法很有效。这种方法在推荐不太热门的项目时特别有用，并且不会受到 CF 冷启动问题的影响。Python 中的代码可以在 https://github.com/DoosanJung/I2V_project 上找到。

在最近的出版物 *Learning Latent Vector Spaces for Product Search*(《学习用于产品搜索的潜在向量空间》，http://arxiv.org/pdf/1608.07253.pdf)中，作者介绍了一种潜在的向量空间模型，它学习了词语表示的潜在表征、电子商务产品，以及两者之间的映射，无需显式注释。模型的强大之处在于它能够直接模拟物品与描述物品之间关系的关系。作者将此方法与现有的潜在向量空间模型(LSI、LDA 和 Word2vec)进行了比较，声称比产品表示有更高的准确率。

7.4 推荐算法的应用

一些开创推荐系统的公司仍然严重依赖这些系统。大多数大型商业和社会网站都有某种形式的推荐系统、推荐产品或联络方式。例如，LinkedIn，一个面向商业的社交网站，为用户提供表单建议，包括可能知道的人、可能喜欢的工作、可能想追随的群体，或者可能感兴趣的公司。LinkedIn 使用 Hadoop 和 Mahout 按比例运行 CF 模型。

亚马逊使用基于内容的推荐。当选择要购买的条目时，Amazon 会推荐其他用户基于该购买原来条目的其他条目（作为条目到下一个条目购买可能性的矩阵）。亚马逊为这种行为申请了专利，称为逐项协作过滤。

Hulu 是一个流视频网站，它使用推荐引擎来识别用户可能感兴趣的内容。它还使用基于条目的协作过滤和 Hadoop 来扩展海量数据的处理。

2006 年，Netflix 为获胜团队设立了一场价值 100 万美元的奖金竞赛，该竞赛可将其推荐系统 RMSE 提高 10%。2009 年，三个团队联合建立了一个由 107 个推荐算法组成的集合，最终得出了一个单一的预测。这一组合证明了提高预测精度的关键。

阿里巴巴团队最近发表的一篇论文报道了该公司目前用于预测点击率的算法（https://arxiv.org/pdf /1706.06978.pdf）。该模型称为深度兴趣网络（DIN），与广泛和深入的模型有很大的不同。相反，它使用的是来自机器翻译文献的注意力机制。DIN 代表用户利益分配和设计的不同利益类似注意力的网络结构，根据候选广告在局部激活相关兴趣。与候选广告具有较高相关性的行为获得较高的关注分数并且主导预测。他们的报告说，相对于其他类型的神经网络使用该模型有很大的提升。

Kumar 等人提出了深度神经模型（http://ceur-ws.org/Vol-1866/paper_85.pdf）使用 LSTM 注意推荐新闻内容和完全连接的网络，以了解内容项到用户的映射。他们的表现非常好，与最先进的结果相比提升了 4.7%（前十名的命中率）。该模型在处理用户冷启动和物品冷启动问题方面也很有效。

7.5 未来发展方向

改进推荐系统的一些未来方向包括明确考虑时间效应(用户或产品的口味变化)、兼顾序列顺序(在购买手机后推荐手机保护套与购买手机保护套后的手机不同),以及更丰富的产品和内容表示。有关RS未来发展方向的一些见解,读者可参考 https://www.cs.princeton.edu/chongw/papers/WangBlei2011.pdf。

元数据质量差是大部分现实生活中反复出现的问题,例如,缺少值或未系统地分配值。即使元标记是完美的,这些数据也只是间接地表示实际物品而不是图片的细节。实际上,借助深度学习,内容的固有属性(图像、视频、文本)可以纳入建议。使用DL,物品到物品的关系可以基于更全面的产品图片,且不太依赖于手动标记和广泛的交互历史。

Spotify在2014年调查的一个很好的例子是将内容整合到推荐系统中,使歌曲推荐更加多样化,并为用户创造更好的个性化体验。音乐流服务在其推荐系统中使用协作过滤方法。但Sander Dieleman,一名博士生同时也是Spotify的实习生,认为这是最大的缺陷。一种严重依赖使用数据的方法不可避免地低估了即将到来的艺术家的隐藏的宝石和鲜为人知的歌曲,预见未知是音乐发现梦寐以求的目标。Dieleman使用了一个深度学习算法,他教了50万首歌曲的30秒摘录来分析音乐本身。结果表明,网络的连续层逐步学习歌曲的更复杂和不变的特征,就像它们在图像分类问题上所做的那样。事实上,“在网络最顶层的全连接层,就在输出层之前,学习过的过滤器对某些子类型非常有选择性”,如福音歌曲、中国流行音乐或Deep House。在实践中,这意味着这样的一个系统可以有效地基于歌曲的相似性(一个装配个性化播放列表的优秀功能)来提出音乐建议。目前尚不清楚Spotify是否将这些发现纳入了其算法,但这仍然是一个有趣的实验。

冷启动是推荐系统的大敌。它可以同时影响用户和条目。对于用户来说,冷启动意味着系统对客户行为和偏好的信息有限或没有。项目冷启动表示缺乏用户与数据的交互,在这些数据上可以绘制条目到条目的关系(元数据仍然存在,但这通常不足以满足真正经过微调的推荐)。条目冷启动对于上述基于内容的方法来说是一个明显的领域,因为它使系统不太依赖交互和交互数据。

但是,为新用户创建有意义的个性化体验是一个非常棘手的问题,无法通过简单地收集更多信息来解决这个问题。这很典型,特别是在具有广泛产品组合的电子商务网站或在线市场的情况下,客户访问具有完全不同目标的网站。首先他们来买微波炉，但下次他们正在寻找手机。在这种情况下，第一个会话中收集的数据与第二个会话无关。

解决用户冷启动问题的一种有趣方法是基于会话或物品到会话的建议。这大致意味着系统不是依赖于客户的整个交互历史，而是将这些数据分成不同的会话。捕获用户感兴趣的模型然后建立在特定于会话的点击流上。通过这种方法，未来的推荐系统很可能不会如此依赖于几个月甚至几年内建立的精心设计的客户档案；相反，在用户点击网站一段时间后，他们将能够提出合理、相关的建议。

这是一个研究很少的领域，但可能拥有增强个性化在线体验的巨大机会。Gravity R&D 的研究人员致力于欧盟资助的 CrowdRec 项目，最近他们合作了一篇论文(https://arxiv.org/abs/1706.04148)描述了一种提供基于会话的推荐的递归神经网络方法。这是第一篇旨在对基于会话的建议采用深度学习的研究论文，结果表明，他们的方法明显优于目前使用的最先进的算法。

第 8 章　游戏和艺术

深度学习应用最令人兴奋的领域之一是创意产业和游戏，无论是通过玩传统的棋盘游戏或电子游戏的算法，还是在创建虚拟游戏角色或沉浸在现实中。最近，击败世界围棋冠军的 AlphaGo 成功点燃了人工智能将超人能力带到机器上的兴趣。

8.1　早期的国际象棋

20 年前，IBM 的深蓝击败了世界象棋冠军卡斯帕罗夫。从那时起，下棋的电脑使最优秀的人惭愧。但这些算法使用的技术仍然严重依赖于“蛮力”树搜索所有可能的下法组合。

人工智能的最新进展使自学程序的开发成为可能。Giraffe（长颈鹿）是最早的下棋神经网络算法之一（https://chessprogramming.wikispaces.com/giraffe）。它是通过评估游戏位置来学习下棋的。它由一个 4 层神经网络形成，这些神经网络共同以 3 种不同的方式检查板上的每个位置。首先看游戏的全局状态，比如每边的棋子数量和类型，该谁走棋、易位权等等；第二个是以棋子为中心的特征，比如每边上每一个棋子的位置；最后一个特征映射出每一个棋子攻击和防御的方块。

训练玩棋盘游戏算法的通常方法是手动评估每个位置，并使用这些信息教机器识别强着和弱着。相反，一种引导技术被用来让长颈鹿与自己对抗，以提高其预测能力。这是因为有固定的参考点，最终决定了一个位置的价值，不管是赢的、输的，还是一场平局。这样，计算机就可以知道哪个位置强，哪个位置弱。经过 72 小时的训练，长颈鹿达到了世界上最好的程序水平。

8.2 从国际象棋到围棋

尽管在玩国际象棋方面取得了进展,但围棋对于机器仍然是一个难以捉摸的挑战。围棋是一个简单的棋盘游戏,其中两个玩家轮流在棋盘上放置黑色或白色棋子,试图抓住对手的棋子或围绕空白空间来制作领域。尽管规则很简单,但围棋是一款非常复杂的游戏,因为大约有 10^{170} 个可能的棋盘局面远远超过宇宙中的原子数(大约是 10^{100})。

最成功的程序之一是 The Many Faces of Go,它实现了 13 - kyu 的性能,并且由 David Fotland 花了十年时间编写了 30 000 行代码。但它从未达到过大师级的水平。

Bruno Bouzy(布鲁诺·布兹)在 21 世纪前十年将 Monte Carlo(MC)算法引入到棋盘游戏算法中。MC 使用采样来获得难以处理的积分的近似值。后来 Rémi Coulom 使用了 MC 树搜索评估并创造了蒙特卡罗树搜索术语(MCTS,Monte Carlo Tree Search)读者可请参阅 https://www.remi-coulom.fr/CG2006/CG2006.pdf。他的程序 CrazyStone 赢得了当年的 KGS 计算机围棋锦标赛。他的比赛采用的围棋是小型 9×9 的围棋变体,他的程序击败其他程序,如 NeuroGo 和 GNU Go。MCTS 使用蒙特卡罗估计搜索树中每个状态的值。随着更多模拟的执行,搜索树变得越来越大,相关值变得更加准确。它是探索大型搜索空间的有效采样算法。

2013 年,DeepMind 发布了一篇论文,该论文使用强化学习(通过 LSTM 训练)和深度神经网络,仅使用屏幕上像素的输入(由 CNNS 处理)。它创造了一个深度 Q 网络,学会了玩 Breakout、Pong 等游戏。2014 年,DeepMind 发表了另一篇论文 *Teaching Deep Convolutional Neural Networks to Play Go*(《教深度神经网络去玩围棋》,https://arxiv.org/abs/1412.3409),与前一种情况不同,它使用神经网络来模拟人类围棋玩家从给定位置进行每一手可能下法的概率。

AlphaGo 使用两个神经网络:策略和价值网络。快速部署策略 P_π 和监督学习(SL,Supervised Learning)策略网络 p_σ 进行训练,在位置数据集以预测人类专家下法。一个强化学习(RL)的策略网络 p_ρ 首先进行初始化,然后通过策略梯度学习,最大限度地改善预测结果(即赢得更多的比赛),惩罚策略网络的早期版本。通过自己玩游戏生成新的数据集,换句话说,通过 RL 策略网络自我玩游戏。最后,价值网络 v_θ 是通过回归从自我发挥数据集中的位置来预测预期成果(当前玩家是否赢了)训练。

有关 AlphaGo 算法的详细信息,读者可参阅 https://storage.googleapis.com/deepmind-media/alphago/AlphaGoNaturePaper.pdf。

8.3 其他游戏和新闻

本节将介绍其他游戏和新闻。

8.3.1 Doom

在2016年由卡内基梅隆大学的学生开发的AI智能体赢得了经典视频游戏Doom,完胜游戏内置AI智能体和人类玩家。读者可参阅https://arxiv.org/pdf/1609.05521v1.pdf和一些视频https://www.youtube.com/watch? v=oo0TraGu6QYlist=PLduGZax9wmiHg-XPFSgqGg8PEAV51q1FT。

3D游戏环境对算法具有挑战性,因为玩家必须仅基于部分观察到的迷宫来行动。与Doom相比,Atari和围棋为智能体商提供有关游戏的完整信息,换句话说,就是完全可观察的环境。

当机器播放器在游戏中导航时,它采用深度Q网络,这是DeepMind用来掌握Atari游戏的强化学习架构。当敌人出现时,智能体人会切换到一个深度反复的Q网络,其中包括一个长期短期记忆(LSTM)模块,可以帮助智能体跟踪敌人的移动并预测射击的位置。

虽然AI智能体只依赖视觉信息来玩游戏,但该论文作者们在训练期间使用API访问游戏引擎。这有助于智能体更快地识别敌人和游戏棋子。没有这个帮助,他们发现这个智能体在50小时的模拟游戏中几乎什么都没有学到,相当于超过500小时的计算机时间。

8.3.2 Dota

2017年,OpenAI的一名人工智能体(artificial agent)赢得了著名的Dota2(世界上最受欢迎的电子游戏之一)锦标赛,击败了一名专业的人类玩家。

像Dota和Starcraft Ⅱ这样的实时战斗和战略游戏比国际象棋或围棋这样的传统棋盘游戏有了更大挑战。这些游戏需要长期的战略思考,而且与棋盘游戏不同,它们将重要信息隐藏在玩家之外。算法必须预测并先发制人,也可以称之为直觉。

Dota具有人类玩家必须具备的额外复杂程度,在五人小组中开展合作行动,协调复杂的战略。游戏中有数百个角色,每个角色都有自己的技能,配备了许多独特的物品。行动的复杂性如此之大,以至于几乎不可能将计划的获胜策略硬编码到Dota智能体中。

与AI智能体一样重要的是它如何教会自己玩。AlphaGo通过观察人类以前玩过的游戏学会了如何玩游戏。OpenAI的智能体从头开始教授自己的一切。

即使某些智能体行为是预先编程的，它也能够自行制定复杂的策略，比如欺骗对手进行一次佯攻，不久之后取消，以使人类玩家处于弱势地位。

尽管OpenAI智能体取得了胜利，但真正的挑战仍然是5v5的比赛，智能体商不仅需要管理决斗，还需要管理多个智能体和数十个支持单位的混乱战场。

8.3.3 其他应用

可以找神经网络的一些实现来玩几个游戏，如马里奥赛车（在TensorFlow系统中，https://kevinhughes.ca/blog/tensor-kart）和超级马里奥（https://www.engadget.com/2015/06/17/super-mario-world-self-learning-ai）。

在最近的一项工作中，Maluuba（Microsoft）的一个团队提出了一项技术，详细介绍了 *Hybrid Reward Architecture for Reinforcement Learning*（《采用强化学习的混合奖励体系结构》，https://static1.sqarespace.com/static/58177ecc1b631bed320b56e/t/594050d7bf629a891ef31605/1497387537190/hra_uba.pdf）。他们在很大程度上提高了QDN或Actor-Critic方法（AC3）的准确性，击败了Pacman Atari游戏中最好的人类玩家。这种技术被称为HRA，它将一个分解的奖励函数作为输入，并为奖励函数的每个组件学习一个单独的值函数。由于每个组件仅依赖于所有特征的一个子集，因此整体值函数更加平滑，可以更容易地通过低维表示进行近似，从而实现更有效的学习。

深度学习的挑战之一是解决具有挑战性的Raven渐进矩阵（RPM）测试。RPM是一种非语言智力测试，通常用于测量通用智力。RPM由符号矩阵组成，其中符号构成视觉几何图形，并且矩阵中缺少一个符号。受试者可以获得6～8个可能的备选方案，并根据这些方案和矩阵的几何设计确定矩阵中缺少的符号。尽管该测试仅限于测量受试者从复杂的视觉几何结构中提取信息的能力，但其与其他多领域智力测试的高度相关性使其在心理测量领域处于中心地位[SKM84]。

已经开展了一些有希望的工作来解这个矩阵，使用生成对抗网络（GAN），用上下文CNN自动编码器作为生成器，最初应用于图像绘制（https://arxiv.org/abs/1604.07379），但算法在处理看不见的符号时遇到了困难。

8.4 人造角色

微软宣布了一个项目，使编码人员能够塑造和开发其技术。AIX是一个新的软件开发平台，研究人员可以使用它来开发智能体AI驱动的角色。

Minecraft 使用人工智能添加了虚拟现实助手。这个名为 AIX 的平台是一个沙箱，允许研究人员开发漫游 Minecraft 世界的智能体。我们的想法是让他们具备像普通玩家一样的行为能力，包括基本命令，例如，爬山，以及更复杂的要求，如导航各种地形、建造风景，或者仅仅在游戏里幸存。

来自 Tubigen 大学的一个团队正在开展一个项目，通过让他们在游戏环境中发展自己的态度，为超级马里奥游戏角色提供"现实生活"。读者可参阅 https://www.uni-tuebingen.de/en/newsfullview-landingpage/article/super-mario-erhaelt-soziale-intecegenz.html。

Serpent.AI(https://github.com/SerpentAI/SerpentAI)是一个框架，可以帮助开发人员创建游戏智能体。它可以帮助你将你拥有的任何视频游戏转换为沙盒环境进行实验。

Unity 推出了 Unity 机器学习智能体(https://blogs.unity3d.com/2017/09/19/introducing-unity-machine-learning-agents)，可以使用 Unity Editor 创建游戏和模拟。这些环境可以通过简单易用的 Python API 使用强化学习、神经进化或其他机器学习方法来训练智能体。这些平台已经很常用了，PROWLER.io(https://www.prowler.io)是先锋。这些类型的环境对于能够通过自我游戏和模拟来学习复杂的紧急行为的智能体的开发将变得越来越重要。

8.5 艺术中的应用

如果说 DL 在玩游戏方面取得了显著的成绩，那么最显著的成就可能是在一个不寻常的领域——艺术。

Gatys 等人[GEB15]应用卷积神经网络，利用最初设计用于捕捉纹理信息的特征空间，获得艺术家风格的表示(输入图像)。通过包含多个层次的特征相关性，他们获得了输入图像的平稳多尺度表示。证明了卷积神经网络中内容和风格的表示是可分离的。这两种表示都可以独立地被操纵，以产生新的、感性的有意义的图像。为了证明这一发现，他们生成了两个不同源图像的混合，其内容和样式表示的图像如图 8-1 所示。

Ulyanov 等[ULVL16]提出了一种技术，给定纹理的单个示例，CNN 能够生成具有任意大小的相同纹理的多个样本，并且能够将艺术风格从给定图像转移到任何其他图像。由此产生的网络相对较小，可以生成快速且质量非常好的纹理。

CycleGAN(https://arxiv.org/pdf/1703.10593.pdf)是最新的使用未对齐图像进行图像到图像转换(输入图像和输出图像之间的映射)的方法(见图 8-2)。能够学习映射 $G: X \rightarrow Y$，使来自 $G(X)$ 的图像的分布与使用对抗性损失的分布 Y 无法区

图 8-1 使用训练在两组图像上的 CNN 人工生成图像

（来源：https://www.demilked.com/inceptionism-neural-network-drawings-art-of-dreamssource，读者也可以在 http://ostagram.ru/或移动应用 Prisma 在线演示）

分。因为这种映射是高度欠约束的，所以它与逆映射 $F:Y\rightarrow X$ 耦合并且引入了循环一致性损失以推动 $F(G(X))\approx X$（反之亦然）。它呈现了马到斑马的可靠转化，反之亦然。代码（使用 Pytorch）和视频读者可参考 https://github.com/junyanz/pytorch-CycleGAN-and-pix2pix。

一家瑞典公司 Peltarion（http://peltarion.com/）发布了一个神经网络，通过从原始传感器数据中提取高级特征来让计算机生成复杂的舞蹈编排。该系统称为 chor-rnn，使用递归神经网络以细致的编排语言和个人编排的风格生成新颖的舞蹈材料。它也可以创造更高水平的凝聚力，而不仅仅是产生运动序列。神经网络在原始动作捕捉数据上进行训练，并且可以为独舞者生成新的舞蹈序列。作者使用 Microsoft Kinect v2 传感器拍摄了 5 小时的当代舞蹈动作，跟踪 25 个关节，在 3D 中产生 1 350 万个时空关节位置。作者表示，使用这些数据进行训练，他们的网络可以输出新颖的编排，展示逐渐学习日益复杂的运动。

在最近的一项工作（https://arxiv.org/pdf/1706.07068.pdf）中，作者使用生成对抗性网络来创造几乎与人类生成的艺术品无法区分的合成艺术品。创造对抗网络（CAN）的工作方式与 GAN 类似，不同之处在于鉴别器将两个信号反馈给发生器而不是一个：是否有资格作为艺术品，以及它如何将发生器的样本分类为精确的艺术样式。定量评估表明，53%的人认为 CAN 图像是由人类创作的，而对应的由人类产生的抽象表现主义作品的数值则是 85%。

图 8-2 用 CycleGAN 做的对象变形(transfiguration)

(来源:https://github.com/junyanz/CycleGAN)

在博客文章中(http://karpathy.github.io/2015/05/21/rnn-effectiveness),Andrew Karpathy(安得烈·卡巴西)描述了一个基于具有 LSTM 统一性的 RNN 的模型,该模型是在莎士比亚作品中训练的。该模型能够创作散文,与一些著名的英国作家有着惊人的相似之处。

Hitoshi Matsubara(松浦·信孝)使用基于 DL 的算法生成短篇小说(http://mashable.com/2016/03/26/japan-ai-novel),这个故事最终被列入 1 000 个提交作品的前 10 名。

Gene Kogan(基因·柯根,http://genekogan.com)使用 AI 作为创作工具,并在 https://vimeo.com/180044029 中创建了一些有趣的效果。

8.6 音 乐

音乐可以表示为一个时间序列,因此被建模为音乐事件之间的条件概率。例如,在和声音轨中,某些和弦比其他和弦更容易出现,而和弦的发展往往取决于音乐的整体模式。在许多自动合成系统中,通过假设当前状态的概率 $p(n)$ 仅依赖于过去状态的概率 $p(n-k)\cdots p(n-1)$,简化了这些关系。给定种子序列,然后通过预测以下事件生成音乐序列。

音乐作品被认为是创造性的、直观的，因此也是人类的特权。然而，DNN 正在为这个假设带来挑战的新工具。自动音乐作曲，通常包括旋律、和弦、节奏甚至歌词的作曲，传统上是通过隐马尔可夫模型(HMMS)来处理的。这些模型的记忆为一步(当前状态完全决定到下一个状态的转换)。然而，深层 LSTM 网络可以处理任意历史来预测未来事件，因此具有比 HMM 更复杂的表达能力。

由人工智能算法创作的音乐并不新鲜，因为它可以让作曲家更有效地进行实验。专辑*0 music*(《0 音乐》)和 *Lamus* 完全由 Melomics 创作，这是 Francisco Javier Vic 创立的一个组织。两者都使用一种以生物学为模型的策略来学习和发展更复杂的音乐创作机制。这些算法是为生成音乐而特别编写的。

Choi 等人(https://arxiv.org/pdf/1604.05358v1.pdf)使用基于 LSTM 的算法来学习文本文档中表示和弦进程和鼓声轨迹的关系。代码(基于 Keras)在 Github 上可用，结果非常好，尤其是鼓，读者可以在 SoundCloud 上找到一些例子。

普林斯顿大学的 Ji Sung Kim 最近部署了一个名为 Deep Jazz 的项目，使 Deep Learning 能够生成音乐。该项目基本上是一个 RNN 与 LSTM 用几个小时的爵士音乐训练的。经过 128 个 epoch 的训练，该算法能够产生新的音乐。该代码在 Github 上可用，并基于 Keras 和 Theano 库。作者们正在努力将这一概念推广到大多数音乐风格中，而不必为每种风格训练神经网络。在这项工作中，ML 被用来教音乐学生超越传统的和弦。

最近的另一个项目(http://imanmalik.com/cs/2017/06/05/neurous style.html)使用循环网络学习如何从阅读歌谱中演奏乐器(MIDI 格式)。它的质量如此之好，几乎无法与人类的演奏家区分开来。

SYNC 项目(http://syncproject.co/blog/2017/6/5/making-music-with-ai-an-introduction)使用了一个名为 Folk-RNN 的循环网络，研究人员在该网络中输入了数以千计的凯尔特人民间音乐转录实例，并将其输入到一个深入的学习系统中，该系统从 MIDI 歌曲信息中学习来创建新的旋律。研究人员惊奇地发现，该系统每试 5 次，就能编造出“真正的”旋律。

Southern 的专辑 *I AM AI* 是由 Amper(https://www.amper music.com/)创作的，Amper 是一个人工智能的音乐作曲家、制作人和演奏者。用户为将要创建的音乐类型选择参数，例如“环境鼓舞人心的电影”或“史诗般的驾驶”。该程序使用其机器学习算法在几秒钟内就能生成一首歌。然后，人类就可以操纵那部分音轨，可以把所有的和弦结构和乐器都交给计算机来操作。读者可参见这个例子：https://www.youtube.com/watch?v=XUs6CznN8pw。

有关深度学习音乐应用的综述,读者可参阅 https://arxiv. org/pdf/1709. 01620. pdf。

8.7 多模态学习

Tamara Berg(塔玛拉·伯格)通过利用图像、视频和观看这些图像的人之间的关系,率先将 DL 应用于时尚。她探索了计算机视觉和自然语言处理,以理解文本到图像的关系。在一个项目中,给定标题图像,卷积神经网络可以确定哪些单词(例如,"woman talking on phone"或"The farther vehicle")对应于图像的哪个部分。该工具允许用户仅使用自然语言编辑或合成逼真的图像(例如,"从这张照片中删除垃圾车"或"制作一张三个男孩一起追逐一只毛茸茸的狗的图像")。她在网页 www. tamaraberg. com/中提供了一些数据集。她还负责协调 Exact Street to Shop 项目(http://tamaraberg. com/street2shop),将真实世界的服装商品与在线商店中的相同商品相匹配。由于真实照片和在线商店照片之间的视觉差异,这是一项极具挑战性的任务。作者收集了该应用程序的新数据集,其中包含从 25 个不同在线零售商处收集的 404 683 张商店照片和 20 357 张街头照片,共提供 39 479 件商品。结果可在 http://arxiv. org/pdf/1608. 03914. pdf 获得。

多伦多大学的 Ryan Kiros 为自然语言开发了一个多模态神经语言模型,该模型可以以其他模式为条件。与其他生成图像描述的方法不同,此模型不使用模板、结构化模型或语法树。相反,它依赖于从数百万个单词和条件中学习到的单词表示,该模型基于从深度神经网络中学习到的高级图像特征。

Lassner(拉斯纳)等人,在 *A Generative Model of People in Clothing*(《人体着装的生成模式》,http://files. is. tue. mpg. de/classner/gp)中提出了一种能够生成人体全身着装图像的模型。作者从大型图像数据库中学习生成模型、处理人体姿势、形状和外观的高度差异。作者将生成过程分为两部分:身体和衣服的语义分割,然后在结果片段上创建逼真图像的条件模型。

麻省理工学院计算机科学与人工智能实验室(CSAIL)的研究人员已经证明了一种有效学习如何预测声音的算法。当一段无声视频片段中出现一个物体被击中画面时,该算法可以产生足以以假乱真的击打声音。这种"声音的图灵测试"不仅仅是一个聪明的计算机技巧。研究人员设想用于自动为电影和电视节目制作声音效果的类似算法的未来版本,以及帮助机器人更好地理解物体的属性。读者可访问 http://news. mit. edu/2016/artificial-intelligence-produces-realistic-sounds-0613。

他们训练了一个声音产生算法,其中包含 1 000 个 46 000 个声音的视频,这些声音存在用鼓槌击打、刮擦和刺激各种物体。这些视频被提交给 CNN,CNN 解构了声音并分析了它们的音高和响度。该算法查看该视频的每个帧的声音属性，并将它们与数据库中最相似的声音进行匹配。

在最近的一项工作中，Zhou 等人提出了一种在给定视觉输入的情况下产生声音的方法，并在给定输入视频帧的情况下产生原始波形样本，读者可参阅 *Visual to Sound: Generating Natural Sound for Videos in the Wild*（《视觉到声音：为野外视频生成自然声音》，https://arxiv.org/abs/1712.01393）。

8.8 其他应用

以下是一些其他应用：

- 谷歌 AI 实验（http://aiexperimentswithgoogle.com）有几个很酷的实验，从画图猜词游戏到音乐自动生成图像。
- Alex Champandard（亚历克斯·香槟达德）（https://github.com/alexjc）使用 CNN 来生成纹理，他称为随机神经网络，能够基于纯噪声和一些预训练生成高质量图像。
- Mario Klingemann（马里奥克林格曼）（http://mario-klingemann.tumblr.com）是一位活跃的研究人员，他将生成神经网络应用于图像和艺术。
- Choy 等人的作品（https://arxiv.org/pdf/1604.00449.pdf），使用 CNN 的组合来传输来自两个对象的知识，以基于模板集创建新的对象表示，如图 8-3 所示。

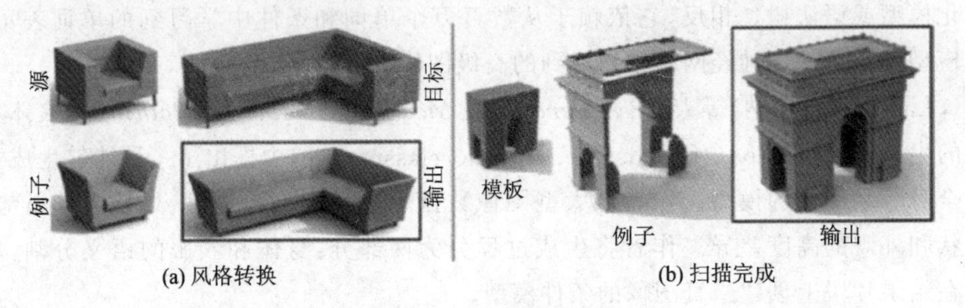

图 8-3　3D 风格转换

（来源：https://people.cs.umass.edu/~kalo/papers/ShapeSynthesis_Analogies/2014_st_preprint.pdf）

- Liao 等人提出一种技术（https://arxiv.org/pdf/1705.01088.pdf），用于不同外观但感知语义结构相似的图像之间的视觉属性传输。他们称这种技术为深度图像类比，即使用由粗到细的策略来计算最近邻域以生成结果。他们将其应用于样式/纹理转换、颜色/样式交换、草图/绘画到照片转换以及时间推移。
- 人工智能在创意产业中的应用会议（http://events.nucl.ai）每年举行一次。

- www. subsubroutine. com/sub-subroutine/2016/11/12/painting-like-van-goghwith-convolutional-neural-networks 上的博客文章提供了如何使用 TensorFlow 实现样式传输的教程。
- 最近整部电影 *Sunspring* 的剧本是由数百部科幻小说剧本中反复出现的神经网络资料制作的。有一些荒谬的谈话，但大多数都是合情合理和有趣的，视频网址 https://www. youtube. com/watch? v=LY7x2Ihqjmc（译者注：时长约 9 分钟，科幻短片）。
- http://iq. intel. com/getting-creative-ai-and-machine-learning 上的博客文章包含一些关于艺术机器学习的项目。
- 谷歌梦想（https://research. googleblog. com/2015/06/inceptionism-going-deep-into-neural. html）机器使用 CNN 来创造幻想。DeepDream 是一个计算机视觉程序，它使用卷积神经网络通过算法 pareidolia 查找和增强图像中的模式，从而在故意过度加工的图像中创造出梦幻般的致幻外观。有一个在线演示，网址为 https://deepdreamgenerator. com。
- 博客 creativeai. net 是最近与艺术相关的 AI 项目的绝佳展示。
- Google Brain 的创意人工智能项目 Magenta 致力于通过机器学习创造音乐和艺术。它发布了第一首音乐曲目，展示了人工智能创作音乐的潜力。
- 伦敦 Goldsmiths 的一名研究员在 *Blade Runner* 电影的所有帧上训练了变分自动编码器深度学习模型，然后要求网络以原始序列重建视频以及网络未经过训练的其他视频。图片不是很清晰但仍然可识别，可以把它想象成压缩率为 1∶1 000 的压缩算法。
- 纽约大学的研究人员通过电影剧本（包括 Ghostbusters、Interstellar 和 The Fifth Element）训练了一个反复出现的神经网络，并要求网络制作一部新颖的剧本。结果是剧本表达有一些合理。
- 在 http://arxiv. org/abs/1606. 03073 中，作者使用深度神经网络来反转面部草图并合成逼真的面部图像。他们通过扩展现有的无约束面部数据集，构建了一个包含大量计算机生成的面部草图的半模拟数据集，具有不同的样式和相应的面部图像。
- Matthias Bethge（马蒂亚斯·伯奇）的研究小组证明了（https://arxiv. org/abs/1604. 08610）卷积神经网络可用于从一幅画中学习艺术风格的表现并将其应用于照片。他们表明，可以从单个图像中学习风格并将其转换为整个视频序列。他们进行了两项改进。为了确保在某些区域可能暂时被遮挡时，样式一致性延伸到较长的视频序列，作者使用了长期运动估计。另外，还有一种多通道算法处理视频数次，并在前后方向交替，以消除图像边界的伪影，读者可访问 https://vimeo.com/167126162 和 https://vimeo.com/175540110。

- 政治演讲生成(https://arxiv.org/abs/1601.03313)正在使用语法模型和主题模型进行文本一致性训练,这些主题模型是在美国国会辩论的成绩单上进行训练的,作者能够自动生成对特定主题的支持或反对意见的演讲。
- Deep Completion(http://bamos.github.io/2016/08/09/deep-completion)有一个关于图像完成的对抗神经网络的好教程。
- 这是一些针对艺术家的机器学习在线课程,最受欢迎的是来自纽约大学的在线课程(https://www.kadenze.com/courses/machine-learning-for-musicians-and-artists/info)。
- 查看 https://arxiv.org/pdf/1705.01908.pdf,这是关于使用生成神经网络根据描述或草图生成卡通。
- https://arxiv.org/pdf/1705.05823.pdf 的作者应用了一种从低分辨率(LR)图像加速渲染成高分辨率(HR)图像的方法。这是高清晰度电视流、医疗和卫星成像(通常带宽和计算成本高)的关键过程。该算法生成的文件比 JPEG 和 JPEG 2000 小 2.5 倍,比 WebP 小 2 倍,比 BPG 小 1.7 倍。编解码器的设计是轻量级的,它可以在 GPU 上对每幅图像大约 10 ms 的时间内对柯达数据集进行编码或解码。该体系结构是一种自动编码器,具有金字塔分析、自适应编码模块和期望代码长度的规则化。他们还通过专门针对压缩环境使用的对抗性训练来补充他们的方法。其能够以非常低的比特率生成视觉上令人满意的重构。
- Pix2code(https://uizard.io/research#pix2code)是一个来自启动 UIzard 的新工具,它创建了一个系统,让计算机查看网页的屏幕截图并生成可生成该页面的底层代码。该方法可以为 iOS 和 Android 操作系统生成代码准确率 77%。换句话说,它从五个中获得了四次基础代码。
- 微软更新了适用于 iOS 设备的智能相机应用程序 Microsoft Pix(https://www.microsoft.com/en-us/research/product/microsoftpix),其新功能在用户照片上叠加了艺术过滤器。它使用 DL 浏览经典绘画的大型数据集,以学习给定绘画风格的特征。特别是在社交媒体上分享的结果非常有趣。Microsoft Pix 团队还计划在应用程序中使用#PixStyling 的 Instagram 个人资料标签提供社交分享。
- 亚马逊的 Lab126 演示了(https://www.technicalreview.com/s/608668/amazon-has-develop-an-ai-fashion-designer)它可以使用 GAN 生成符合特定目标风格的新颖时尚物品为未来的时装设计师提供灵感。
- DeepMind 和 Blizzard 发布了星际争霸Ⅱ学习环境(SC2LE),如 https://

deepmind. com/blog/deepmind-and-blizzard-open-starcraft-ii-ai-research-environment,加速专注于强化的人工智能研究学习和多智能体系统。它包括一个悬挂在游戏中的暴雪 ML API(环境、状态、动作、跟踪),高达 50 万个匿名游戏重放,基于 Python 的 RL 环境以及一些简单的基于 RL 的迷你游戏绩效基准。游戏特别有趣,因为它需要与潜在不同的子目标进行长期规划和多智能体协作。

- Unity 推出了 Unity 机器学习智能体(https://blogs. unity3d. com/2017/09/19/introduction-unity-machine-learning-agents),可以使用 Unity Editor 创建游戏和模拟。这些环境可以通过简单易用的 Python API,使用强化学习、神经进化或其他机器学习方法来训练智能体。

第9章　其他应用

深度学习(DL)应用的范围远远超出了前面章节中提到的范围。本章将概述与业务相关的其他应用程序。DL已经整合到许多服务和产品中,包括客户服务、金融、法律、销售、质量、定价和生产。

同时,云计算和存储、驱动物联网(IoT)的无数数据传感器的扩散、自我量化以及移动设备的普遍使用都从技术和经济方面释放出颠覆性力量。机器学习将允许极端的背景和个性化,使得有可能将每个客户和每个问题视为独特的。这也是解决企业优化操作和预测所面临的复杂问题的关键,而优化操作和预测是机器学习迅速发展的理想场景。

机器学习将使从广告到客户体验的所有东西都具有编程性,并且允许公司构建更好的应用程序,与人们创建的东西交互,例如图片、语音、文本和其他杂乱的东西。这允许公司创造与人类自然互动的产品。

构建机器学习产品需要三个组件:培训数据(有监督或无监督)、软件/硬件和人才。由于软件是商业化的,硬件是容易获得的,所以关键组件是人才和数据,以及在组织中使用它们的过程。

9.1　异常检测与欺诈

异常或离群点(outlier)是一个数据点,它与其余的数据分布有显著的不同,并且不太可能成为其中的一部分。异常检测广泛应用于网络入侵检测、信用卡欺诈检测、传感器网络故障检测、医学诊断等众多领域[CBK09]。

用于异常检测的模型可分为三类：

- 纯分类模型（基于过去事件预测欺诈事件的可能性）；
- 新颖性检测（异常模式检测）；
- 网络分析（识别个别异常的协调异常事件）。

长期以来，传统的数据分析方法被用于检测欺诈，即通过在数据库中的知识发现（KDD，Knowledge Discovery in Database）、数据挖掘、机器学习和统计学。一阶统计量的简单评估，例如平均值、分位数、性能度量或概率分布，通常用作第一道检测。时间序列分析、k-均值等无监督聚类和分类数据组之间的模式和关联以及检测用户事务行为异常的匹配算法构成了第二道防线。

异常检测的一个典型方法是数据点的重构误差，即原始数据点与其重构之间的误差，该误差作为异常得分。主成分分析（PCA，Principal Component Analysis）是用于该方法的常用手段，其中第一观测值与前 n 个 PCA 特征向量重构的距离可以用作观测异常程度的度量。

然而，这些传统方法大多缺乏适应变化的环境的灵活性，如欺诈检测的情况。DNN 方法有能力学习可疑模式在监督或无监督的方式。

在监督学习中，通常采取数据的子样本，并手动分类为欺诈性或非欺诈性。这需要使分类器减少偏见，因为大多数事件是正常的或非欺诈性的，通常超过 99%，有时达到 99.99%。无监督技术有三种类型，如下：

- 基于密度的方法：在这个方法中，拟合一个密度模型，如高斯的混合物，并通过定位不符合分布的点来识别异常（见图 9-1）。

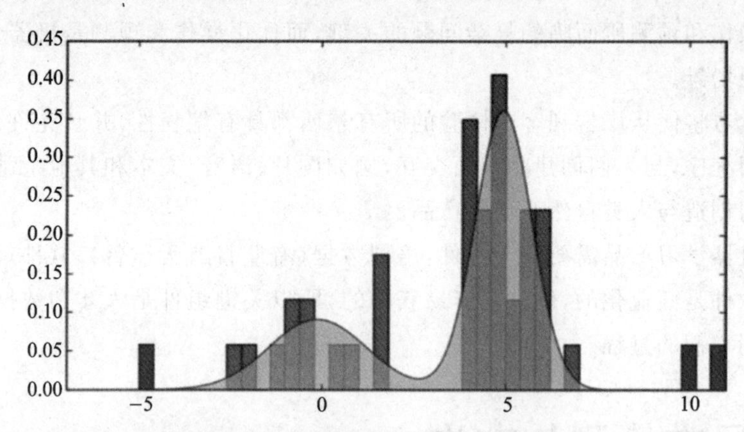

图 9-1　利用密度估计进行异常检测

（来源：https://www.slideshare.net/agramfort/anomalynovelty-detection-with-scikitlearn）

- 内核方法：从内核中平滑数据并识别平滑之外的点。典型的方法是 One-ClassSVM。

- 集群:这就像近邻法。当一个点离任何集群太远时,该点就是一个离群点。

所有这些类型的检测都只能检测类似于以前发生过并由人分类的欺诈。检测新类型的欺诈可能需要使用无监督的机器学习算法。

深度学习非常适合处理这些不平衡的数据集(绝大多数交易都是非欺诈性的),因为可以用所有(未标记)数据预制网络。SOFTMax 监督层可以应用到最后一层,但使用的是平衡数据集。

生成对抗网络也可以用于异常检测和单镜头学习,因为它们需要弱监管。例如,Mishra(米斯拉)等人使用简单但功能强大的技术在条件变分自动编码器上(https://arxiv.org/pdf/1709.00663.pdf)。变分自动编码器是学习隐藏的潜在表示 z 相对于数据 x 的分布的图形模型。条件变分自动编码器使条件似然 $p(x|c)$ 的变分下界最大化,这有助于生成样本具备所需的属性(由 C 类编码)。然后可以将重建误差分配给每个类别,并且可以通过一次学习来生成新的类别。

堆叠式自动编码器(SAE)可用于分层降维,从而从数据中获得抽象且更具代表性的特征。文献[ZCLZ16]提出了基于深层神经网络的异常检测建模方法,称为深层结构能量模型(DSEBM,Deep Structured Energy-Based Model),能量函数为输出,具有结构的确定性深度神经网络。该模型处理静态、顺序和空间数据。新奇的是,模型体系结构适应于数据结构,从而匹配或优于其他竞争方法。

施莱耶等人提出了一种利用深度自动编码器网络检测异常的方法(https://arxiv.org/pdf/1709.05254.pdf)。训练后的网络重构误差由个体属性概率正则化,被解释为高度自适应的异常评估。与强基线相比,这会导致异常检测精度的显著提高。

9.1.1 欺诈预防

欺诈是银行和保险公司最大的损失之一,在美国每年损失高达 17 亿美元。欺诈是巨大的、复杂的,也是一个非常棘手的问题,它涉及不断变化和更复杂的计划,这些目标是针对这些组织的。

目前大多数检测欺诈的方法主要是静态的,依赖于来自历史交易子集的模式。银行基本上查看交易数据,以验证给定的交易是否基于一组硬规则,从过去事件中学习的启发式和机器学习方法来检测特定交易是不合法的可能性。对于信用卡付款,这些模型通常可以(段落格式)抬升欺诈比率从 1:10 000~1:100。然而对于初次欺诈,在没有已知的签名情况下,几乎总是漏检。协作(网络)欺诈也很难发现,因为每个交易看起来是合法的。在保险业,问题更难,因为涉及更多的中介机构和更详细的欺诈选项存在。

分析(也称为行为描述)试图描述个人、群体或群体的典型行为。例如,“客户细分市场的典型手机使用情况是什么?”这个问题可能不容易回答,因为它可能需要对夜间和周末通话、国际使用、漫游费用、文本记录等进行复杂的描述。行为可以应用于整个段或处于小群体甚至个人的水平。剖析通常用于建立异常检测的行为规范,例如入侵或欺诈的监控。例如,如果人们通常使用信用卡进行的购买是已知的,则可以确定卡上的新收费是否符合该配置文件,并创建分数警报。然而,假阳性的数量通常是高的。

另一种处理欺诈和安全的技术是链接预测。它试图预测节点(人的对象)之间的链接。在图表中,建议这些节点上的链接,并估计可能的链接强度。链路预测在社交网络系统中是常见的。例如,为了向客户推荐电影,可以考虑客户和他们观看或收视的电影之间的图表。在(双分)图中,算法发现原本不存在关系的客户和电影依然有相似性。

最近 Shaabani 等人的工作(研究)(https://arxiv.org/abs/1508.03965)表明,图形分析通过识别和开展预防性观察,发现与罪犯密切相关的个人,能够有效地预测芝加哥的暴力犯罪团伙活动。

An 等人使用变分自动编码器(VAE)进行异常检测,该方法使用来自 VAE 的重建概率(http://dm.snu.ac.kr/static/docs/TR/SNUDM-TR-2015-03.pdf)。这种重建概率考虑了数据中细微的相关性,使得它比通常由 AE 和 PCA 使用的重建误差具有更好的异常分数。VAE 是生成模型,它们允许理解异常背后的特征。

9.1.2 网上评论的欺诈行为

网上的欺诈评论行为也越来越普遍。虚假评论是由企业撰写或购买评论以提高他们产品的好评度或降低竞争对手的好评度。电子商务中识别和删除这些评论,维护客户的信任,是至关重要的。虚假评论可以占到总评论的 80%。各种特征可以用于诸如评级、评论、时间戳和相关性的欺诈检测。问题的特征在于:给定一组用户和产品以及带有时间戳的评级,计算每个用户的可疑分数。大多数算法使用时间方法来检测评级欺诈,通过捕捉在短时间内收到大量正面或负面评论的产品,并通过欺诈性评论的突然增加来提升好评度或降低对手好评度。另一种方法是通过分析评级分布,找到对产品评级与其他用户非常不同的用户。

这个问题可以用贝叶斯方法进行架构,贝叶斯方法是在具有极端评级分布的用户与具有更多评级的用户之间建立良好折中的自然选择。对于这个问题,这儿给出了一个自然的答案:“拥有 20 个评级和平均评级为 5 的用户是否比拥有 100 个评级和平均评级为 4.8 的用户更可疑?”对于最近应用程序进行虚假内容检测,读者可参见 https://arxiv.org/pdf/1703.06959.pdf 。

最近的研究表明，虚假评论变得更加难以检测，因为神经网络可以产生人工评论并与真实评价几乎无法区分，读者可参见 https://arxiv.org/pdf/1708.08151.pdf。在这项工作中，作者使用字符级 LSTM 和编码器-解码器架构来生成很少有人能识别为假的餐馆的假评论。下面是一些虚假评论的例子(注意：有些风格一致性，评论是假装青少年用户编写的)：

- “我喜欢这个地方。我经常来这里好几年了，它是一个与朋友和家人闲逛的好地方。我喜欢这里的食物和服务。当我在那里时，从未有过糟糕的经历。”
- “我吃了烤素菜汉堡和薯条!!!! 哦! 味道美味。哦! 非常可口! 太好吃了，我都没办法用文字描述出来!”
- “我和我的家人都是这个地方的忠实粉丝。工作人员非常好，食物也很棒。鸡肉很好，大蒜酱很好吃。冰激凌加上水果也很好吃。强烈推荐!”

9.2 安保及防范

随着信息的数字化，公司越来越容易受到各种类型的攻击。网络安全是入侵检测的关键。入侵检测除了检测网络攻击之外，还可以帮助发现异常系统行为以检测事故或不希望的情况。

在 2016 年，卡巴斯基记录了超过 6 900 万的恶意代码攻击和 2.61 亿个独立的 URL，被网络反病毒组件识别为恶意。恶意代码分析和检测是入侵检测技术中的一个关键问题。恶意代码的检测目前分为基于主机和基于网络的两种方法。机器学习能够有效地检测恶意代码，通过学习入侵代码的特征与普通代码相比。Long 等人[LCWJ15]回顾了在各种恶意代码检测应用中的各种特征提取方法和机器学习方法，包括朴素贝叶斯(Naïve Bayes)、决策树(Decision Tree)、人工神经网络(Artificial Neural Network)、支持向量机(Support Vector Machine)等。这些方法虽然取得了一定的成功，但由于检测率和检测精度不高，算法复杂，对于特征提取是不合适的。

深度学习技术已被证明优于浅层学习模型(如 SVM)，读者可参见 https://pdfs.semanticscholar.org/45ba/f042f5184d856b04040f14dd8e04aa7c11f6.pdf。基于 LSTM 单元的模型能够模拟复杂的时间依赖性关系。审查 LSTM 在信用卡欺诈检测方面的应用，读者可参阅 http://thirdworld.nl/credit-card-transactions-fraud-detection-and-machine-learning-modelling-time-with-lstm-recurrent-neural-networks。

在 https://www.technologyreview.com/s/601955/machine-visions-achilles-heel-revealed-by-google-brain-researchers/中，Kurakin(库拉金)等人表明对抗实例(输入数据与真实数据几乎不可区分)可以很容易地欺骗图像分类器。以前的研究假设直接

访问 ML 分类器,这样对立的例子是直接输入到模型的每个像素级修改。相反,这项工作表明,当通过手机相机拍摄图像时,为愚弄预先训练的 ImageNet Inception 网络而创建的对抗示例也被错误分类。

在 http://homepages.inf.ed.ac.uk/csutton/publications/leet08sbayes.pdf 中,作者探讨了使用机器学习来颠覆垃圾邮件过滤器。

深刻本能(Deep Instinct)学习所有恶意软件和自我更新的共同特征。深刻本能使用卷积神经网络(CNN),在联机站点的情况下针对一组带有主题元数据的标签数据图像像素进行训练,在深刻本能的情况下使用二进制可执行文件。它将同样的技术应用到可执行文件中。

在 https://people.csail.mit.edu/kalyan/AI2_Paper.pdf 中,麻省理工学院和机器学习初创公司 PatternEx 的研究人员演示了一个名为 AI2 的人工智能平台,通过不断地结合来自人类专家的输入可以比现有系统更好地预测网络攻击。AI2 可以检测 85%的攻击,大约是之前的基准测试的三倍,同时还可以将误报的数量减少到五分之一。

9.3 预　测

几种用于预测的机器学习算法,如多层感知器、贝叶斯神经网络、K 最近邻回归、支持向量回归和高斯过程被开发了出来。深层架构允许出现超出传统统计方法(如自回归集成移动平均(ARIMA,Autoregressive Integrated Moving Average)的复杂模型。

能源预测是一个重要的问题,因为过度的需求会导致中断,而多余的供应则被浪费。在这样一个每年价值超过 1 万亿美元的美国产业中,每一个边际改善都会产生巨大的影响。由于有大的数据集,ML 对于能量负载是有用的。BaseTi 等人利用来自 2012 年度全球能源预测竞赛的数据,使用 DL 算法进行能源需求预测,以预测跨不同电网区域的能源负荷(仅使用时间和温度数据)。这些数据包括了四年半中 20 个不同的地理区域每小时能源需求量和来自 11 个区域的每小时温度数据。由于庞大的数据集,他们能够实现复杂的非线性模型,而不过度拟合。他们使用递归神经网络,实现了 530 kW·h/h 的 RMSE 和与测试数据的 99.6%的相关性,几乎是前馈神经网络的误差率的一半。他们还在输入数据中使用了基于到质心的平方指数距离的核化局部回归。

要比较几种深度学习算法以及一些传统算法对于能量的预测,读者可参阅 https://jesuslago.com/wp-content/uploads/forecastingPrices.pdf。(译者注:可能作者更新论文版本了,实际地址为 https://jesuslago.com/wp-content/uploads/

Lago2018.pdf)

Kelly(凯莉)等人使用一个模型(https://arxiv.org/pdf/1703.00785.pdf)作为能源分解装置,从测量家庭用电需求的单表中计算用电量。他们使用三种深层神经网络结构进行能量分解:具有 LSTM 的递归网络、去噪自编码器和作为时间回归的网络。

https://arxiv.org/pdf/1703.00785.pdf 概述了当前用于负载分解和能量预测的深度学习方法。

天气预报是一个复杂的问题,需要使用许多以前的条件测量的时空网格的格式。目前的预测模型是基于巨大的网格有限元法计算,迭代求解微分方程中的大组流体动力学,并将所得结果作为下一步的初始条件。这在计算上非常昂贵,并且预测精度由于每个预测时间步长的误差而被限制。Xi 等人使用三维卷积神经网络与神经网络和 STM 单元的组合,建立精确的预测模型,使用多达 1 亿个参数,可从端到端进行训练。两天的天气预报,在笔记本电脑上只需不到 0.1 秒,比在超级计算机上需要几个小时计算的模型达到更好的精度。读者可参见 https://arxiv.org/pdf/1506.04214v2.pdf。

Epelbaum(埃普尔鲍姆)等人(https://hal.archives-ouvertes.fr/hal-01598905/document)应用一些深度学习网络架构来预测巴黎的交通模式。这些算法被设计成处理汽车数据的历史速度来预测道路交通数据。

流体和烟雾的实时模拟是计算机图形学中的一个难题,其中最新的方法需要大量的计算资源,使得实时应用常常不切实际。Tompson(汤普森)等人提出一种基于神经网络的数据驱动方法,以获得快速和高度逼真的仿真,读者可参见他们的工作和一些视频(https://cims.nyu.edu/schlacht/CNNFluids.htm 译者注:此链接错)。他们使用来自模拟训练集的卷积网络,使用半监督学习方法来最小化长期速度发散,结果令人印象深刻。

Uber 使用循环神经网络(https://eng.uber.com/neuric-networks/)预测其服务需求并降低运营成本。该模型使用 LSTM RNN,并基于 TensorFlow 和 Keras。该公司使用来自美国许多城市的 5 年数据训练了一个模型。当对一组数据进行测试时,结果 RNN 具有很好的预测能力,这些数据包括在圣诞节等重大节日之前、期间和之后的七天内在多个美国城市进行的旅行,它可以预测一些高峰,因为它们很罕见。该系统在处理尖峰假日方面有明显的优势,并在其他日子(如马丁·路德·金日和独立日)略微提高了准确性。

9.3.1 交易和对冲基金

投资管理行业正紧随人工智能的脚步。黑石、布里奇沃特和施罗德等知名资产管理公司和对冲基金正在投资于这项技术,以构建可能超过人类的投资平台。不管这一目标可能是什么样的未来,AI 最近的成就正在推动被认为是可能的极限。

神经网络是一个长期被量化基金经理抛弃的研究领域,因为过去实验过的投资决策不透明,而且常常很糟糕。然而,近年来情况发生了巨大的变化。深度学习被证明能够解决人类面临的最困难的难题,并且能够设计复杂的策略来赢得围棋或扑克的游戏。DL 神经网络可能是第一个被称为直觉的机器。

对于对冲基金来说,这些超人的认知能力在从金融市场的复杂性中提取洞察力方面具有明显的优势。AHL 是对冲基金经理 Man Group 的定量分析部门,也是目前探索深度学习能否应用于投资的机构之一。纽约货币经理 Euclidean 也在探索其可能性。

神经网络和深度学习构成了多层面的人工智能世界的一个领域。但是用明确的规则和完全可观察的状态来打败一个游戏是一回事。市场更为复杂,许多新的专注于人工智能的对冲基金可能会倒闭,但投资行业处于激进转型的敏锐的感觉是不可避免的。

Sirignano(西里尼亚诺)(https://arxiv.org/pdf/1601.01987v7.pdf)使用空间神经网络来模拟下一次状态变化时的最佳出价和要价的联合分布。该模型还考虑了最优报价的联合分布和变异后的询价来预测限价订单的变化。他使用一个神经网络,每个隐层有 4 个层和 250 个神经元,而空间神经网络有 50 个单元。dropout 用来防止过度拟合。该模型在 2014—2015 年期间对 489 只以上的股票进行了训练,使用了 200 个特征描述的 50 TB 数据:前 50 个非零出价和询价水平的限价订单的价格和规模。它可以提前一秒钟预测订单,还可以预测下一次报价/询价更改的时间,其声称与逻辑回归相比,错误率降低了 10%。

Fehrer(费勒)和 Feuerriegel(费尔里格尔)[FF15] 使用递归自动编码器,根据金融新闻标题的文本预测德国股票的回报。他们在 2004—2011 年间发布了一份针对德国市场的英文特设新闻发布数据集(8 359 条新闻标题),其精度达到了 56%,这对随机森林(相当于 53%的准确度)有很大的改善。

Xiong(熊)等人预测(https://arxiv.org/pdf/1512.04916.pdf)标准普尔 500 指数的每日波动性,从开盘、高、低和收盘价格估计。他们使用一个 LSTM 隐藏层,由一个 LSTM 块组成。对于输入,他们使用每日标准普尔 500 的回报率和波动率。他们还包括 25 个国内谷歌趋势,涵盖经济领域和其他主要领域。他们使用每批 32 个样本的亚当方法，并且使用平均绝对百分比误差(MAPE)作为目标损失函数。他们将 LSTM 的最大滞后设置为包括 10 个连续的观测值。其结果是：LSTM 方法优于 GARCH、Ridge 和 LASSO 技术。

2016 年，Heaton(希顿)等人试图(https://arxiv.org/abs/1605.07230)建立一个超越生物技术指数 IBB 的投资组合。他们的目标是跟踪一些股票和低验证错误的指数。他们还试图通过在大幅下降期间反相关来击败指数。他们没有直接模拟协方差矩阵，相反，是在深层建筑拟合程序中训练的，它允许非线性。他们使用自动编码、正规化和 ReLU。他们的自动编码器有一个隐藏层，五个神经元。对于训练，他们使用了 2012—2016 年 IBB 成分股的每周回报数据。他们对指数中的所有股票进行自动编码，并评估每只股票与其自动编码版本之间的差异。他们保留了 10 个与自动编码版本最相似的“公共”股票。他们还保留了不同数量的其他股票，其中数字是通过交叉验证选择的。对于结果，他们将跟踪误差显示为投资组合中包含的股票数量的函数，但似乎与传统方法不相符。他们还用正回报取代了指数下跌，并找到了追踪这一修正指数的投资组合。

9.4 医学和生物医学

由于学习算法的容量和准确性的提高以及大量医疗数据的广泛可用性，深度学习已经在医疗保健行业产生了强烈的影响，通过(结构化和非结构化)医疗记录的数字化，以及来自移动设备的个人遗传数据和其他个性化数据实现了这一点。

然而，ML 技术在医学上的应用具有长期的失败历史。除此之外，一个特别棘手的问题是个体之间的差异性，这导致更简单的机器学习算法错误判断并给出错误的答案，这在错误容忍度低的领域中特别敏感。

然而，正如 Dave Channin(戴夫·钱宁)指出的那样，将 ML 应用于医学的一大障碍就是要有一个可靠的“真理”来源来训练机器。给定图像的真实解释是什么？一系列不常见症状背后的原因是什么？如果它是一种罕见的疾病，统计数据将无济于事，这些症状可能很容易欺骗机器标记更常见的病例。众包诊断可能是一个办法，但它更棘手，因为它需要专门的信息来做出明智的决定。由于设备的可变性和诊断的条件，问题更加复杂。最后，还有一个问题涉及某些监管机构需要解释。DNN 是黑盒子，所以无法就所达到的结论向机器要一个解释。令我们稍感到欣慰的是，不同的人类专家对复杂情况的共识也很少见。

9.4.1 图像处理和医学图像

深度学习在物体识别和面部识别方面取得了人类水平的表现后，在医学成像处理中的应用具有巨大的潜力，该领域通常依赖主观解释，医疗背景是消除几种可能解释的关键。

一些公司正在应用 DL 来识别医学图像（如 X 射线）的癌症信息，许多自动图像识别工具也已经在医院使用。然而，基于医学图像处理的诊断只是医学领域 DL 潜力的一小部分。然而，仍有一些挑战，例如缺乏训练图像、缺乏全面的注释、罕见疾病的较少分布以及非标准化的注释指标。

有关生物医学图像数据集的更多信息，读者可访问：https://medium.com/the-mission/up-to-speed-on-deep-learning-in-medical-imaging-7ff1e91f6d71。

如今，在阿尔茨海默病检测、骨折检测和乳腺癌诊断中，深度学习算法比人类更精确，如图 9－1 所示。

一些致力于医学成像深度学习的创业公司如下：

- Enlitic 在医学图像和其他患者记录上使用系统来帮助医生诊断和治疗复杂疾病，其在 2015 年 10 月筹集了 1 000 万美元。
- Lumiata 使用广泛的医疗记录数据库来填充病史知识图，其最近筹集了 1 000 万美元。
- Synapsify 构建应用程序，这些应用程序在语义上阅读和学习类似于人类的书面内容，以加速发现。
- 与伦敦 Moorfields 眼科医院合作的 Google DeepMind 研究项目致力于早期发现黄斑变性。这项工作涉及分析视网膜的光学相干断层扫描。
- 波士顿麻省总医院启动了临床数据科学中心，以建立一个专注于使用 AI 技术诊断和治疗疾病的中心。许多创业公司已着手解决这一问题，一家重量级的医疗保健从业者宣布了一条消息，Nvidia 是创始技术合作伙伴。
- DL 帮助盲人和视障人士“看”。微软最近的一个项目提出了一个名为 Seeing AI 的新视觉项目（https://www.youtube.com/watch?v=R2mC-NUAm-Mk），该项目使用计算机视觉和 NLP 描述一个人的周围环境，阅读文本，回答问题，并识别人们脸上的情绪。百度有一款名为 DuLight 的类似产品。Facebook 已经将其内容提供给盲人和视障人士。
- ML 还使截瘫患者能够恢复一些控制和移动性，这种技术可以读取大脑活动并直接连接到肌肉，超过受损神经的电路（https://www.physiology.org/doi/pdf/10.1152/physrev.00027.2016）。

- iCarbonX 的近期目标是根据基因组学、医学和生活方式数据预测疾病的发病。
- Veritas Genetics 是一家提供直接面向消费者的全基因组测序和针对产前检测和乳腺癌筛查的公司，通过收购生物信息学公司 Curoverse 进入人工智能。他们一起致力于改善疾病风险评分以及遗传和疾病的因果关系。
- 该领域的其他公司包括 BayLabs、Imagia、MD. ai、AvalonAI、Behold. ai 和 Kheiron Medical。

DL 不仅可用于分析图像，还可用于分析文本（医疗记录），数百万关于药物有效性和药物相互作用的研究和医学研究，甚至可用于创建定制假设和准确诊断和个性化治疗的遗传学。Watson for Medical（沃森医疗）是最知名的技术公司，但还有很多创业公司在这个领域工作。读者可参考 https://www.sciencedirect.com/science/article/pii/S1532046417300710。

一些公司，如 Apixio，通过挖掘医疗记录来分析文本，并将其应用于帮助保险公司分类他们的哪些患者患有哪些疾病。该分类过程通常由人工手动完成，包括将书面诊断与一组医学数字代码相匹配。

病理学家的报告对于评估和设计治疗癌症的程序至关重要。其中一个输入是患者的生物组织样本，由几个幻灯片组成，分辨率高达 30 000×30 000 像素，达到细胞水平分辨率 μm。这是一项复杂且耗时的任务，需要多年的培训。

然而，对于同一患者，不同病理学家对癌细胞组织的鉴定可能存在显著差异，导致误诊。某些形式的乳腺癌诊断协议可低至 50%，前列腺癌也同样低。

2017 茶花挑战赛是一项国际竞赛，旨在评估乳腺癌定位算法的质量，乳腺癌已经扩散（转移）到乳房旁边的淋巴结。在本次比赛的最新版本中，深度学习算法达到了超越人类的精确度，读者可参考 https://camelyon17.grand-challenge.org/results/（译者注：网址移动到 https://camelyon17.grand-challenge.org/evaluation/results/），详细说明可见 https://arxiv.org/pdf/1606.05718.pdf。作者对于整个载玻片图像分类的任务获得了接收器操作曲线（AUC）下面积为 0.97 的区域，并且对于肿瘤定位任务获得了 0.89 的得分。病理学家独立地审查相同的图像，获得 0.96 的整个载玻片图像分类 AUC 和 0.73 的肿瘤定位分数。这些结果证明了可以使用深度学习来显著改善病理诊断的准确性。

图 9-2 总结了深度学习在医学图像处理中的影响。

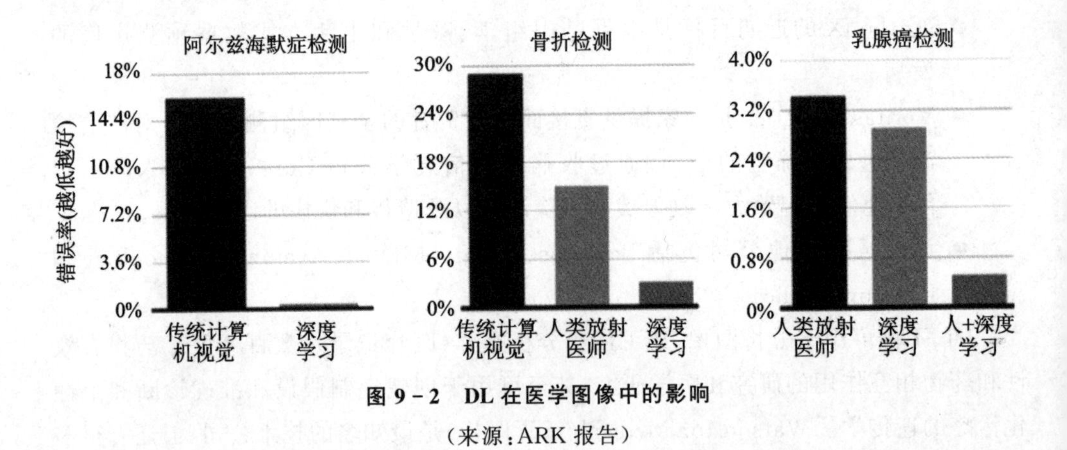

图 9-2　DL 在医学图像中的影响

（来源：ARK 报告）

9.4.2　生物组学

在基因组学中，蛋白质组学或代谢组学遗传信息（转录组和蛋白质组）数据由一组原始序列组成，通常是 DNA 或 RNA。由于采用了新一代测序技术，这些数据已经变得可以负担得起。此外，还容易获得蛋白质接触图，显示其三维结构中氨基酸对的距离，以及微阵列基因表达数据。

最具有研究性的问题之一是二级蛋白质结构预测或蛋白质的接触图。DNN 已广泛应用于蛋白质结构预测研究。Chen 等人[CLN+16]将 MLP 应用于微阵列和 RNA 至序列表达数据，以推断来自仅 1 000 个标志性基因的多达 21 000 个靶基因的表达。Asgari 等人[AM15]采用了 skip-gram 模型（用于 Word2vec）并且表明它可以有效地学习生物序列的分布式表示，通常用于许多“生物组学”应用，包括蛋白质家族分类。

基因表达调控（包括剪接点或 RNA 结合蛋白）和蛋白质分类也是一个研究热点。可以在训练 CNN 的同时预测密切相关的因素。一维 CNN 也已与生物序列数据一起使用。Alipanahi 等提出了基于 CNN 的转录因子，结合位点预测方法和 164 细胞特异性 DNA 可及性多任务预测，分别用于与疾病相关的遗传变异的鉴定。Zhou 等人[ZT15]提出了基于 CNN 的算法框架（DeepSEA），以基于预测学习转录因子结合和疾病相关的遗传变异。

桑德比（丹麦语 Sønderby）等人[SSN+15]应用具有 LSTM 隐藏单元和一维卷积层的双向 RNN 来学习氨基酸序列的表示并对蛋白质的亚细胞位置进行分类。Lee 等人[LBP+16]将 RNN 应用于微小 RNA 鉴定和靶标预测，并获得了最新的结果。

转录组学分析利用各种类型转录物（信使 RNA、长非编码 RNA、microRNA 等）丰富的变化来收集一系列功能信息，从剪接代码到各种疾病的生物标记。转录组学数据通常从不同类型的平台（各种微阵列平台、测序平台等）获得，所述平台因测量的基因组和信号检测方法而不同。许多因素导致基因表达数据的可变性。因此,即使对于单平台分析也需要标准化。跨平台分析需要标准化技术,这可能是一项重大挑战。DNN 特别适用于跨平台分析,因为它们具有很高的泛化能力。它们还具备处理基因表达数据的一些其他主要问题的能力,例如数据集的大小以及降维和选择性/不变性的需要。

在外科手术中,接下来的几年中,只有 36%的任务可以被 AI 取代,对于放射科医生而言,这个数字可能高达 66%(来源 ARK - Invest)。

机器学习技术可用于从医学图像中发现不同类型的异常,如乳腺癌、皮肤癌和眼病。由 Andrew Ng(吴恩达)领导的斯坦福大学的一个团队已经展示了(https://www.technologyreview.com/s/608234/the-machines-are-getting-ready-to-play-doctor/)ML 模型可以比专家更好地识别来自心电图(ECG)的心律失常。该团队训练了 DL 算法,以识别 ECG 数据中不同类型的不规则心跳。一些不规则可导致严重的健康并发症,包括心脏性猝死,但信号可能难以检测,因此患者经常被要求佩戴数周 ECG 传感器。即使这样,医生也很难区分可能是良性的不规则和可能需要治疗的不规则。他们从患有不同形式心律失常的患者中收集了 30 000 个 30 秒的片段。为了评估算法的准确性,该团队将其性能与五位不同心脏病学家的 300 个未确诊片段进行了比较。由三位心脏病专家组成的小组提供了一个真实的判断。

9.4.3 药物发现

机器学习的最新进展为药物发现做出了重大贡献。特别是深度神经网络在推断小分子化合物的性质和活性时,在预测能力方面有了显著的提升。Mamoshina(马莫希纳)等人(https://www.ncbi.nlm.nih.gov/pubmed/28029644)使用生成性对抗自动编码器(AAE)为药物发现产生新的分子指纹。他们使用了七层 AAE 架构,潜在的中间层作为鉴别器。作为输入和输出,AAE 使用二元指纹矢量和分子浓度。在潜伏层中,他们还引入了负责生长抑制百分比的神经元,其在阴性时表明治疗后肿瘤细胞数量的减少。他们使用 NCI - 60 细胞系测定数据训练 AAE,在 MCF - 7 细胞系上分析了 6 252 种化合物。AAE 的输出用于筛选 PubChem 中的 7 200 万种化合物并选择具有潜在抗癌特性的候选分子。

计算机辅助药物设计(CADD)具有巨大的潜力,但也存在一些挑战,无论是基于结构的药物设计(蛋白质 3D 结构与药物结合)还是基于配体的药物设计(化学和定量结构-活性关系[QSAR])。在过去的几十年中,许多批准的药物是由于 CADD 在识别和筛选具有特定生物活性的小分子方面所做的重要努力。

然而,生物学是一个极其复杂的系统,CADD 只是克服药物发现挑战的众多步骤之一。我们可能离计算机发现药物,在机器人试验云中对药物进行虚拟测试,然后只需单击几下鼠标就能将药物送到患者手中的世界还很远。在硅材料中的CADD平台很容易过度匹配,并且常常无法交付实际的预期项目。现在药物发现的现实是生物学消耗一切,而不是“软件吃生物技术”。新候选药物的主要失败模式源于一个简单的事实:人类生物学非常复杂。候选药物和错误目标或系统相互作用可导致不良后果(“脱靶”毒性)。与正确的目标相互作用,也可能产生错误的效果(“中靶”或基于机制的毒性)。它们通常是混杂的,并与许多事物相互作用,一些已知的和许多未知的。超过他们的目标药理学,药物以无数种方式与人体相互作用,使它们无效或更糟(吸收、分布、代谢和排泄是四个重要的环节)。而且,至关重要的是,生物学可能无法改善特定疾病,提高死亡率或提高生活质量。通常选择错误的目标进行关注,这是第2阶段及以后阶段病情反复的主要原因。更具挑战性的是,在生物学表现方式上,患者之间的差异(甚至是人种!)也会导致额外的复杂性,包括好的(有洞察力的)和坏的(不幸的)。公平地说,即使药物被批准,我们也不了解它们的一切。

几家公司正在利用DNN生物医学数据和计算能力来加速在硅材料中的药物发现。单一药物的发现可能需要数十年和数亿美元,并且失败率很高。机器学习可以加快这一过程,并在很短的时间和成本内快速发现新药。有许多公司在这个领域工作,如Recursion(https://www.recursionpharma.com)、Benevolent AI(https://benevolent.ai)和Atomwise(https://www.atomwise.com),还包括其他大药厂。

由Brendan Frey(布伦・丹弗雷)领导的公司Deep Genomics(https://www.deepgenomics.com)能够训练神经网络来破译RNA非编码区域背后的代码。基本上,它考虑了较长的核素序列来训练深层网络。

9.5 其他应用

本小节重点介绍了其他一些应用。

9.5.1 用户体验

深度学习正在成为使机器真正自然且无摩擦的用户交互成为可能的核心技术。语音识别已达到人类级别的准确性,允许语音而非关键字成为与智能手机和其他智能设备交互的自然方式。这已经成为个人助理Amazon Echo或Google Home等产品的现实。这些设备专为完整的语音交互而设计,并以自然语言回答问题。它们还可以与其他家用设备集成,创建更好的能源管理和安全系统。

DL将通过交互和个性化帮助重塑用户体验,以模糊人与机器之间的分离。界面可以简化，抽象，甚至完全隐藏在用户之外。UX 程序员的传统思维（如何创建滚动页面，按钮，点击和点击）是基于旧的范例。DL 输入允许非常自然的交互和个性化。读者可参阅 https://techcrunch.com/2016/08/15/using-artificial-intelligence-to-create-invisible-ui/。

设备需要了解更多有关我们的隐形 UI 才能成为现实。今天的情境意识有限。例如，在通过 Google 地图询问路线时，系统要知道你的位置，比如你在纽约或是加利福尼亚，系统会返回不同的结果。

但即使使用所有传感器和数据，机器也需要了解更多关于我们以及我们世界的情况，以便创造我们真正需要的体验。一种解决方案是结合多个设备/传感器的功能来收集更多信息。但这通常会缩小并限制用户群，这是因为收集付费用户数据不太容易。

9.5.2 大数据

数据的指数增长，其中 80%是非结构化的（例如社交媒体、电子邮件记录、通话记录、客户服务、竞争对手和合作伙伴定价），使公司能够增强预测并探索隐藏的模式。DL 对于处理未标记的数据特别有用，因为它广泛使用了无监督的方法。

多模式学习将使人们第一次将文本、语音、图像甚至视频结合在一起，形成联合知识，这是一种已经在图像搜索中实现的技术。这将允许高级查询，例如“向我展示与此图像相关但颜色更亮或更苗条的形状”，甚至“向我展示一个电影，其中有一个金发女孩在埃菲尔铁塔附近的日落时接吻的场景”，甚至“向我展示街道交通噪声很大的场景。”

尽管聊天机器人的声音很大，但它们肯定会改变用户与内容交互的方式。对话比查询更自然，因为它可以通过迭代过程对问题进行语境化。此外，它可以为每个客户个性化，可以了解有关客户的更多信息，也许最重要的是，它是一种更自然的互动。

谷歌最近推出了一个针对 Gmail 账户的自动回复选项，该选项将根据谷歌人工智能建议的三个回复发送回复，它仅适用于某些消息。用户还可以使用建议的响应作为起点，编辑或添加文本。智能回复基于 DNN 来预测电子邮件是否是某人可能撰写简短回复的电子邮件。

9.6 未 来

算法正朝着我们为人类保留的不太传统和意外的任务发展。例如：玩扑克、处理谈判，甚至伪造关系。培训从严格监督演变为更高层次，弱监督甚至无监督的模式。其中的一个例子是教导机器人只是通过展示一些例子来执行复杂的任务。强化学习的一个例子是你提供游戏规则，算法通过对抗自身来发现策略。

几年前你无法想象的重要改进领域是谈判。大多数聊天机器人已经可以执行简短的对话并执行简单的任务，例如预订餐厅或带语音助理的美发师。然而，能与人类进行有意义的对话的机器很可能短期内无法实现，因为它需要了解对话本身和相关背景知识。

Facebook 人工智能研究（FAIR）团队发表了一篇论文（https://arxiv.org/abs/1706.05125），介绍了具有谈判能力的对话代理人。研究人员已经证明，具有不同目标的对话代理可以在做出共同决策时与其他机器人或人进行从头到尾的谈判。值得注意的是，这些机器人可以达到不同的目标，解决冲突，然后通过谈判达成妥协。

每个代理都有自己的值函数，表示它对每种类型的项目的关注程度。在生活中，代理人都不知道其他代理人的价值功能，必须从对话中推断出来。FAIR 研究人员创造了许多此类谈判方案，始终确保两个代理商不可能同时获得最佳交易。

谈判既是一个语言问题又是一个推理问题，其中必须制定意图，然后口头实现。这种对话包含合作和对抗性元素，要求代理人理解和制定长期计划并产生话语以实现其目标。

具体而言，FAIR 开发了一种新颖的技术，其中代理通过将对话模型延伸到对话结束来模拟未来的对话，从而可以选择具有最大预期未来收益的话语。

第四部分
机遇与展望

第 10 章　深度学习技术的商务影响

"关于深度学习,我长期以来一直怀疑,但现在的进步是真实的。结果是真实的。深度学习管用。"

"I was a skeptic [about deep learning] for a long time, but the progress now is real. The results are real. It works."

——Marc Andreessen(马克·安德森) 美国企业家

计算成本的下降和访问云管理集群的难易程度使我们以从未见过的方式实现人工智能的民主化。在过去,构建计算机集群来训练深度神经网络的成本过高。此外还需要具有数学博士学位的人才能理解关于复发神经网络等学科的学术研究论文。今天,有可能在一夜之间运行一个集群,用一台配备 GPU 的 PC 运行新算法而每月只需花费几百美元。

人工智能已经从实验室中脱颖而出,进入了商业世界,对流程和服务的自动化产生了巨大的影响。例如,基于打破客户、公司和销售代表的信息,基于人工智能的 CRM 系统可以使用旨在最大化销售可能性的算法实时向销售代表提供销售线索。

公司被迫发展自己的 AI 能力并组建团队,而不是依靠第三方顾问来获得这种关键能力。AI 不能被视为一次性流程,而是业务战略中的重要组成部分。

DL 将深刻影响到每个行业,包括汽车行业、机器人、无人机、生物技术、金融或农业。根据 ARK Invest 的研究,以深度学习为基础的公司将在未来二十年内为全球股市增加数万亿美元的生产力收益并增加 17 万亿美元的市值,读者可参见 https://ark-invest.com/research/artificial-intelligence-revolution。

https://ark-invest.com/research/artificial-intelligence-revolution 上的一些主要预测如下：

- 到 2036 年，深度学习公司将创造 17 万亿美元的市值；
- 到 2027 年，自主按需运输将带来 6 万亿美元的收入；
- 到 2022 年，数据中心的深度学习处理器收入将达到 60 亿美元，在 5 年内增长超过 10 倍；
- 未来将有 160 亿美元用于诊断放射学的可寻址市场；
- 通过改善信用评分，将节省 1 000 亿至 1 700 亿美元并从中获利；
- 到 2035 年，自动化实现，美国实际 GDP 增长 12 万亿美元。

自英特尔最初的奔腾处理器问世以来，处理器性能已经提高了大约 5 个数量级。然而，深度学习项目的表现也取决于用于训练的数据量。由于互联网的规模，深度学习在以最低成本访问非常大的数据集的情况下蓬勃发展。1990 年 Lecun 手写阅读器使用了从美国邮政局收集的大约 10 000 个样本，而 2009 年 ImageNet 数据集包含了 1 000 多万张高分辨率照片。此外，百度的 DeepSpeech 还接受了超过 10 000 小时的音频数据训练，而传统数据集中只有几百小时。

神经网络本身已经变得越来越大，越来越复杂，用它们的自由“参数”数量来衡量。现在有十亿个参数的网络很常见。更大的网络允许更具表现力的能力来捕获数据中的关系。今天的深度学习网络有大约 1 000 万个参数，比 Lecun 最初的手写阅读器高出 4 个数量级(见图 10－1)。

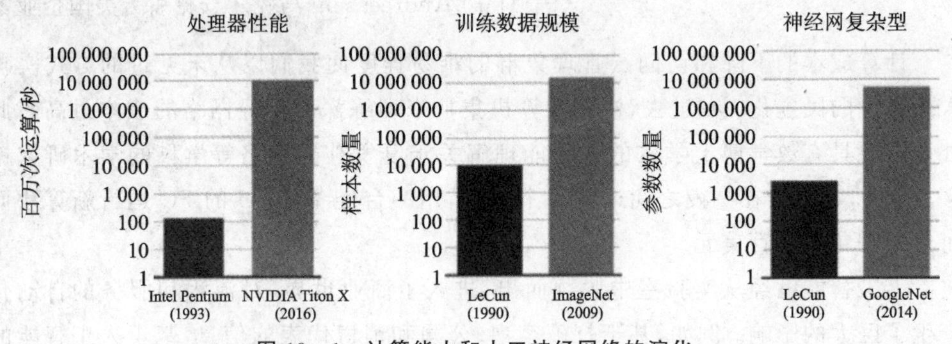

图 10－1 计算能力和人工神经网络的演化

10.1 深度学习机会

现在深度学习驱动的 AI 已经在改变大多数行业。

人工智能将从根本上改变自动化公司内部的众多功能，从定价、预算分配、欺诈检测、安全到营销优化。但是，要使组织充分利用人工智能，需要将其完全整合到所有不同的部门和职能部门，这将使组织真正成为以客户为中心的。

深度学习非常适合数据密集型活动,如广告和点击信息。大多数数据将通过移动电话收集,并且将有无数设备提供实时地理参考信息。多模式学习将允许公司将文本、图像、视频和声音集成到统一的表示中。

DL 技术应用于某些领域(如自动驾驶汽车)的影响是显而易见的,其后果可能会彻底改变交通系统和汽车所有权。在其他领域,影响似乎并不那么明显和直接。然而,随着 DL 技术的进步,更多行业也将面临被破坏的风险。下面会列举一些。

10.2 计算机视觉

深度学习算法是自动化和加速分析由传感器(包括图像)产生的海量数据抽取的大型数据集的关键工具。

虽然基本算法是相同的,但信息的使用方式各不相同。计算机视觉在以下行业中有广泛的应用:汽车、体育和娱乐、消费者和移动、机器人和机器视觉、医疗、安全和监视。Tractica 估计这些细分市场的潜在市场总额达 350 亿美元。

但是,很少有公司拥有培训和部署机器视觉产品的专业知识和计算基础设施。计算机视觉即服务现在可以通过许多行业参与者的 API 获得,例如微软和谷歌。这些服务允许公司将图像处理加载到云中,每张图像需要付费。服务包括分类、光学字符识别、面部检测和徽标检测。与亚马逊众包"机械土耳其人"等服务的手动图像阅读相比,这些基于云的 API 大约便宜一个数量级。

10.3 AI 助手

DNN 所支持的 GAI 最大、最直接的影响可能不在机器人领域,而是在客户服务领域。诸如为特定商店或活动发送特定电子邮件、移动推送或客户通行证等服务可以在不久的将来实现自动化,高级分析工具甚至可以自动化一些支持决策过程。客户服务中心处理非日常的互动,很快将通过自动消息传递服务,如聊天机器人和个人助理。人工智能可以帮助建议如何传递对话、用户兴趣和产品。它甚至可以将数据用于二次建议,例如基于以前的交互进行风险评估。

AI 助手是能够进行人类语言和理解的计算机程序。可以与人交谈、理解需求和帮助完成任务的算法将对生活质量和全球生产力产生好处。直到最近,这些突破仅限于科幻小说领域。但是,当 Apple 于 2011 年 10 月推出 Siri 时,AI 助手成为主流。谷歌紧随其后于 2012 年推出相关产品,微软 Cortana 和亚马逊 Echo 也于 2014 年推出。今天,许多其他公司正在竞相建立 AI 助手和聊天机器人,有些人认为这些助手和聊天机器人会比应用程序更经济。

语音交互在许多设备中已经很常见,占 Google 搜索量的 20%以上。这种可能性是建立在用于语音识别的 DL 技术,即使在嘈杂的环境中也非常准确(已达到人类级别的准确度)并且可以捕获(并适应)每个用户的语音细微差别。DL 在语音识别中获得的额外准确度(现在达到 96%以上)可能看起来只是一个很小的增量,但从用户界面的角度来看,它会产生很大的不同。一个错误可能足以打破顺畅无摩擦的互动。

研究公司 Tractica 估计,全球消费者 AI 助手的使用率平均每年增长 25%,从 2015 年的 3.9 亿用户增加到 2021 年末的 18 亿用户。在同一时期内,企业 AI 助手的用户预计年增长率为 33%,从 1.55 亿到 8.43 亿,如图 10-2 所示。AI 助手通常分为两个阵营:基于语音和基于文本。Siri、Google Now、Cortana 和 Alexa/Echo 等基于语音的界面已经得到了广泛的采用和使用。基于文本的 AI 助手尚处于初级阶段,尚未实现主流采用。

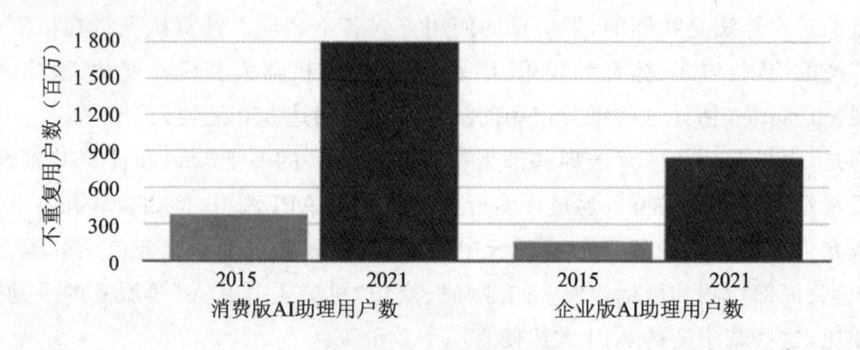

图 10-2 AI 助手的用户

(来源:Tractica)

随着智能手机市场的成熟,开发商和投资者已经加强了对下一个大平台的搜索。其主要通过文本操作的消息传递机器人程序,即 AI 助理可能就是答案。关注消息机器人的一些原因是一些公司的成功,例如中国的微信(用户可以在会话应用程序中购买商品和支付账单)、消息应用程序的用户和时间的增长,以及自然语言处理中与深度学习相关的改进。

像人工智能一样,消息传递机器人也可以是窄的或普通的。窄消息传递机器人执行非常具体的任务,例如回复电子邮件,而在理论上,一般的消息传递机器人可以执行任何任务,很像个人助理。

窄消息传递机器人已经成功地部署在实际的应用程序中。例如,x.ai 的 AI 助理 Amy 可以为无需访问彼此日历的个人之间安排会议。Amy 读了主人的日历,并建议给受邀者写一封电子邮件,以便留出时间。在收到回复后,她可以阅读和理解电子邮件、安排会议或建议新的时间间隔以应对冲突。谷歌的智能回复还可以阅读一封电子邮件并提出三个回复。据谷歌称,超过 10%的收件箱应用程序的电子邮件回复是通过智能回复发送的。

消息机器人的自然之家就是消息传递应用程序。2016年，微软、Facebook和Kik都为各自的消息应用推出了聊天机器人平台。截至2017年7月，已有超过11 000个机器人在Messenger上发布，超过20 000个机器人在Kik上发布。这些机器人具有一系列功能，从订购鲜花到检查天气，从推荐书籍到担任私人教练。

10.4 法 律

随着NLP能力的增强，很自然地会期望对律师产生巨大影响，这是通过自动化诸如复杂搜索之类的任务、自动化语义查询，甚至从头开始起草基于证据的完整论点来实现的。同时，随着机器变得聪明，意向性和所有权的概念将变得模糊。像“谁应该为自动驾驶汽车的事故负责？”这个问题可能很难回答：车主、制造商还是汽车本身？

然而，目前教(teach)这些机器的方法存在一些局限性：

- 学习算法很慢并且需要大量数据(通常需要数百万个数据点来正确训练模型)。
- 理解法律文本仍然是一个挑战，存在巨大的错误和遗漏空间。
- 模型不易解释。

然而，一些公司正在蓬勃发展。DoNotPay是一家自动化停车罚单申诉流程的初创公司。它成功地以64%的成功率“挑战”了16万张停车票。对话机器人能够在美国50个州和整个英国协助处理1 000多个不同的法律问题。用户只需在搜索栏中键入问题，就会弹出特定于其位置的相关帮助链接。在浏览了不同的选项后，聊天机器人会提出问题，并将信件或其他法律文件放在一起。机器人可以帮助写信或填写表格，如产假申请、房东纠纷、保险索赔和骚扰投诉等问题。该公司节省了约930万美元的罚款。

10.5 放射学和医学图像

深度学习正在使放射诊断技术迅速发展。ARK报告估计，计算机辅助诊断软件的全球可寻址市场总价值可达160亿美元。从今天的10亿美元收入来看，医疗软件公司和成像设备制造商的增长率平均每年可达20%～35%，因为深度学习可提高他们的生产力，并在未来10～15年内创造新的产品和服务。

诊断放射学对现代医疗保健至关重要。然而，医学图像的视觉解释是一个费力且容易出错的过程。根据https://www.ncbi.nlm.nih.gov/pmc/articles/PMC1955762/，历史上放射科医师的平均诊断错误率约为30%。由于技术原因，特别是在早期阶段，肺癌结节常常被遗漏，8%～10%的骨折被漏诊或误诊。最初，放射科医师在乳房X线照片中错过了约三分之二的乳腺癌，这些乳腺癌在回顾性评审时可见。

深度学习驱动的智能软件有可能改变现状。初步的结果是令人振奋的：最新的深度学习系统已经在各种诊断任务中胜过放射科医师和现有算法。

早期诊断是成功治疗的关键。根据英国癌症研究中心的数据，全球每年有超过200万人死于肺癌和乳腺癌。如果10%的后期病例可以通过计算机辅助设计(CAD)在第1阶段被捕获，ARK估计它可以每年挽救150 000个生命。以每年5万美元的价值评估人类生命，第1阶段的51次乳房或肺部诊断相当于节省了76亿美元的生命价值。从骨折到阿尔茨海默病的各种放射学问题都可以涉猎，深度学习的价值将高出现在几个数量级。

美国国立卫生研究院发布了一个巨大的胸部X射线数据集，包括来自30 000多名患者的100 000张照片(https://www.nih.gov/news-events/news-releases/nih-clinical-center-provides-one-largest-publicly-available-chest-x-ray-datasets-scientific-community)，预计在几个月内就会出现大型CT扫描数据集。

ARK估计CAD软件的市场规模可能达到160亿美元。估计数基于美国34 000名放射科医师每年审查的20 000例病例。鉴于目前放射科医师为现有的图像存档和通信系统(PACS)支付每次2美元，一个优于人类的诊断系统可以定价为每次10美元。假设完全采用，仅美国市场就价值68亿美元。

葛兰素史克(GlaxoSmithKline)通过Exscientia公司投资4 300万美元用于人工智能药物开发，该公司致力于AI驱动的药物发现，目的是在多个治疗区域内发现多达10种与疾病相关的靶标的新型和选择性小分子。

10.6 自动驾驶汽车

考虑到94%的车祸来自人为错误，平均而言，欧洲司机平均每周面临6小时的交通拥堵，因此不难接受深度学习最具变革性的应用之一就是自动驾驶汽车。根据一些估计，自动驾驶汽车可以将城市的交通量减少多达90%，并增加目前用于停车的可用空间。

没有深度学习，完全自动驾驶的车辆将是不可想象的。通过街道，天气条件和不可预测的交通导航车辆是一个开放式问题，只有学习类算法如深度学习可以解决。ARK认为，深度学习是4级或更高级别自动驾驶的基本要求(5级对应于完全自动驾驶车辆)。

深度学习解决了自动驾驶面临的两个关键问题：传感和路径规划。神经网络允许计算机将世界划分为可驾驶和不可驾驶的道路，检测障碍物，解释道路标志并对交通灯做出反应。此外，通过强化学习，神经网络可以学习如何改变车道，使用环形交叉路口以及在复杂交通条件下导航。

虽然自动驾驶系统尚未达到自动驾驶所需的水平，但谷歌和其他人观察到的进展速度表明，自动驾驶技术将在2020年结束前推出。

完全部署的自动驾驶技术将降低运输成本并实现移动即服务(MaaS，Mobility-as-a-Service)。根据ARK的研究，到2020年，大多数汽车不仅具有自动驾驶能力，而且旅行成本将降至每英里0.35美元，大约是人力驱动出租车成本的十分之一。因此，运输将主要转变为按需模式，将大量新消费者引入点对点移动市场。到2027年，自动驾驶里程数将从最低限度大幅增加到每年18万亿。每英里0.35美元，自动按需运输市场将在十年内接近6万亿美元的市场。

10.7 数据中心

深度学习作为一种新的、要求很高的工作负荷的增长意味着，无论是GPU、FPGA还是ASIC，超大型数据中心都需要积极投资于深度学习加速器。ARK估计，深度学习加速器的年收入将增长70%，从2016年的4亿美元增长到2022年的60亿美元。到那时，根据研究，加速器收入的一半将用于训练，另一半用于推断。

由于加速器是有效训练的必备工具，因此训练目前占据了大部分收入。相反，推理可以在标准服务器上运行。由于超大型供应商的持续投资、云中基于GPU的服务器的可用性增加以及非互联网行业(尤其是汽车公司)采用深度学习，训练模型将发展为30亿美元的业务，而这些行业的技术将成为自动驾驶汽车的关键。

随着基于深度学习的服务在Web和移动应用程序中变得普遍，推理需求应该会增长并推动对加速器的需求。微软部署的FPGA和谷歌在各自的数据中心推出的TPU表明这一趋势已经开始。我们预计，超大型互联网公司将推动这项投资的大部分，企业内部部署将落后约两年。

10.8 利用DL建立竞争优势

DL与初创公司、谷歌、亚马逊、百度等大公司有关。然而，传统业务也可以从这种快速利用竞争格局的变革性技术中获益。

从业务角度来看，重要的是要在数据科学的基础知识和深度学习背后的算法方面有扎实的基础，以便在组织内部掌握其深远的战略意义，而不仅仅是大肆宣传。拥有以数据为中心的商业文化的含义不仅对特定问题有用，而且正在展现一系列力量，这些力量将导致在不同部门中应用类似的方法。

以客户为中心的视图需要收集大量数据以及在非结构化数据上有力学习的功

能。DL为这种方法提供了工具,可以提供实质性的提升,例如,针对正确的客户,而不是传统的营销活动。

这些想法扩散到在线广告行业和在线广告中,以整合在线社交关系的数据。公司考虑如何从他们的数据和数据科学能力中获得竞争优势。数据是一项战略资产,但需要仔细考虑数据和数据科学如何在业务战略背景下提供价值,以及它是否会在竞争对手的战略背景下做同样的事情。

有时,不是数据,也不是创造战略价值的算法,而是如何在改进产品、客户服务和(最重要的)重组业务流程以改造业务中实现提取的洞察力。预测模型的有效性关键取决于问题工程、创建的属性、不同模型的组合,等等。即使发布了算法,许多实现细节对于获得一个在实验室中有效的解决方案在生产中也有效,可能是至关重要的。

成功还可能取决于无形资产,例如公司文化——包含商业实验的文化与不支持商业实验的文化完全不同。成功的标准不是数据科学家设计的模型的准确性,它是由企业实施的价值所创造的。

10.9 人　才

只有拥有一支才华横溢的数据科学家团队才能实现数据科学——这样的团队很难找到,特别是在DL中。任何人都可以称自己为数据科学家,不幸的是,很少有公司会注意到。必须至少有一位顶级数据科学家才能真正评估潜在雇员的质量,好的数据科学家喜欢与其他顶级数据科学家合作。

优秀的数据科学管理人员还必须具备一组其他能力,这往往不全集中在一个人身上。

- 他们需要真正理解和欣赏业务需求。更重要的是,他们应该能够预测业务需求,以便能够与其他功能领域的同行互动,为新的数据科学产品和服务开发创意。
- 他们需要能够与“技术人员”和“诉讼”进行良好沟通并得到他们的尊重,通常这意味着将数据科学术语(本书试图将其最小化)翻译成商业术语,反之亦然。
- 他们需要协调技术复杂的活动,例如将多个模型或程序与业务约束和成本集成。他们需要经常了解业务的技术架构,例如数据系统或生产软件系统,以确保团队生成的解决方案在实践中实际上是有用的。
- 他们需要能够预测数据科学项目的成果。数据科学与研发类似,因此他们只是提供投资指导。研究项目成功只有一个可靠的预测因子,它具有高度预测性:研究者之前的成功。

- 他们需要在特定公司的文化中做所有这些工作。

最后,数据科学能力对于竞争对手来说可能很难或很昂贵,因为他们可以更好地雇佣数据科学家和数据科学经理。从数据资产中获取最大收益的两个最重要的因素是公司的管理层必须分析思考数据,公司的管理层必须创建一种文化,数据科学和数据科学家将茁壮成长。

伟大的数据科学家和普通的数据科学家之间以及伟大的数据科学团队和个人伟大的数据科学家之间的有效性存在巨大差异。

然而,仅仅因为市场困难并不意味着一切都失去了。许多数据科学家希望拥有比他们在企业巨头中更多的个人影响力。许多人希望在制定数据科学解决方案的更广泛过程中承担更多责任(以及相应的经验)。有些人有成为公司首席科学家的愿景,并且明白通往首席科学家的道路可能会更好地铺设在规模较小、种类较多的公司中。有些人有成为企业家的愿景,并明白成为初创公司的早期数据科学家可以给他们提供宝贵的经验。有些人只是享受参与快速增长的风险的快感,在一家年增长率为20%或50%的公司工作与在一家年增长率为5%或10%的公司工作大不相同(或一点都不增长)。在所有这些情况下,在招聘方面具有优势的公司是那些为培养数据科学和数据科学家创造环境的公司。如果没有足够数量的数据科学家,那就要有创意。鼓励你的数据科学家成为当地数据科学技术社区和全球数据科学学术团体的一员。

10.10 光有准确度还不够

Joshua Bloom,Wise.io的联合创始人,在他的博客文章中提出了一个中肯的观点,“How we should optimize the value chain for building AI systems (我们应该如何优化构建人工智能系统的价值链)”(www.wise.io/tech/towards_cost-optimized_artificial_intelligence)。大多数人工智能研究的重点是以优化精度作为圣杯(译者注:圣杯指梦寐以求的目标)。其他方面应该考虑到交付生产就绪解决方案的时间和成本。用他的话来说,“我们优化的目标取决于我们对问题的关注程度。我们关心在所有层面上各种不同的事情。”读者可访问 https://www.youtube.com/watch?v=i-1UmCYyzi4。(译者注:时长46分钟)

在访问算法的可用性时,他考虑了三个重要级别。

- 算法/模型:学习率、凸度、误差界限/保证、缩放。
- 软件/硬件:实际数据的准确性/性能,列车时间内的内存使用,预测时间内的内存使用,磁盘使用要求,CPU需求,学习时间,预测时间。

- 项目：人员配备要求（数据科学家、软件工程师、开发人员），实施概念验证/撰写论文的时间，边际增加的资源成本，模型在生产中的可靠性/稳定性，模型管理/可维护性，可实验性。
- 组织：机会成本，结果与公司其他业务线的互动，项目的营销价值，项目工作的损益，完成项目的长期利益（例如，从招聘角度来看），人员支持费用。
- 消费者：直接价值、可用性、可解释性、结果的可操作性。
- 社会：结果的影响（例如，对 GDP 的剩余收益、人们的福利）。

说明这一点的著名案例是 Netflix 价值 100 万美元的竞赛，获胜的解决方案没有被实施，因为在需要高计算成本和复杂性的情况下增量增益很小。

10.11 风　险

人工智能并非没有风险。Techcrunch 上一篇有趣的博客文章（https://techcrunch.com/2016/09/16/hard-questions-about-bot-ethics/）解决了一些问题和假设，即社会中不平等和排斥的风险大大加快了，而这是由于我们全面进入信息革命带来的科技进步。

Cathy O'Neil（凯茜·奥尼尔）有一个有趣的博客，她在论证由一个社会运行算法的副作用。她还出版了一本名为 *Weapons of Math Destruction*（《数学杀伤性武器》）[O'N03] 的有趣书籍，如果有太多重要的决定放在没有人真正理解的“模糊”算法的手中，她会提到一些偏见、副作用和严重的问题。

10.12 当个人助理变得比我们更聪明时

虚拟助手将在未来发挥至关重要的作用，帮助从最普通的任务，如订购比萨饼到最微妙的，如健康甚至治疗建议。它们还将监控我们的大部分生活，并跟踪几乎所有在线和离线活动。虚拟助手将在管理不同设备和使用收集的数据帮助用户做出明智决策方面发挥关键作用。虚拟助手将变得更加自主并理解背景，以便理解“我很冷”意味着它必须打开恒温器。

助理甚至可以帮助我们约会。Alexa 已经与约会网站 eHarmony 合作，搜索可能的共享兴趣匹配。将来，她可能会代表我们迈出第一步，并开始与你潜在配偶的私人助理进行初步对话。

但是当个人数字助理变得比我们更聪明并且比我们最亲近的人更了解我们时会发生什么呢？

目前的数字助理主要是反应式的。它会执行我们提出的要求，而不是预测用户需求。将来，它们将变得更加复杂。在不久的将来，你的汽车可能会阅读你的表情，并认识到你很伤心并播放适当的音乐或设置适合你情绪的驾驶模式。它们将变得更加自主并且也适应用户特异性。

与我们将宠物视为家庭成员的方式相同，数字助理可能会获得"生活般的"状态并成为我们的一部分。一旦它们能够理解我们并通过语音进行交流，我们就会像对待人类一样对待它们。

但是，对于能够帮助解决此类个人问题的个人数字助理，需要提供大量个人信息，隐私和安全风险非常大。警察可以使用 Alexa 作为谋杀的证人吗？老大哥不再监视你（译者注，语出小说"1984"），但 Alexa 可能会……

助手不仅会回应命令，还会回应对话。如果你认为 Facebook 存储了大量关于你的信息，请想象一下虚拟助理可能更了解你的情况。它可能比你最亲密的朋友更了解你，包括你去过的地方，你做了什么，你和谁在一起，你谈到了什么，以及你是如何到达那里的。

第 11 章　新近研究和未来方向

有几个领域的深度学习非常活跃，几乎每周都会出现突破。强化学习及其在机器人和模拟代理中的应用显然是最活跃的领域之一。图像、视频和语音识别仍然是最活跃的领域。NLP 正在大幅提升，但也许在不久的将来人类的表现是无法实现的，因为它可能是最难的领域之一。(对于应用于 NLP 的深度学习的一些批评，读者可参阅 https://medium.com/@yoav.goldberg/an-adversarial-review-of-adversarialgeneration-of-natural-language-409ac3378bd7)

自然语言处理、语音识别和自动视频分析中的许多监督任务可能很快就会通过大型 RNN 变得微不足道。在不久的将来，监督学习 RNN 和强化学习将大大扩展。目前大型人工神经网络的连接数量达到十亿，很快在同样的价格下就将是万亿量级。相比之下，人类的大脑拥有数万亿的连接，但是速度要慢很多。

机器学习的进步在很大程度上受到了大量数据集培训的好处，这些数据集包含数百万个人类标记的例子。但这种方法在长期范围内是不可行的，而且远非人类学习的方式。需要在无监督学习方面取得更多进展，例如在生成网络上开展的工作。

11.1　研　究

尽管图像、语音、机器人和视频处理仍然是使用广泛的 CNN 和 LSTM 的非常重要的研究领域，但下面这些是 DL 活跃的一些领域：

- 强化学习或弱监督学习；
- 注意机制；

- 一次性学习和知识转移；
- 多模式学习；
- 生成对抗网络(GAN)。

最近在谷歌的一项研究工作中(https://arxiv.org/abs/1707.02968)，作者表明，训练数据的大小非常重要。他们使用了分类为 18 291 个类别的 3 亿个图像的数据集，并训练了几个 DL 架构：AlexNet、VGG、ResNet 50、ResNet 101 和 Inception-ResNet v2。他们证明，即使是更简单的架构也可以通过使用更多的训练数据来获得相当高的准确率。读者可以在 https://ai.googleblog.com/2017/07/revisiting-unreasonable-effectiveness.html 上找到更多信息。

下面是一些其他结论：

- 大型数据集有助于表示学习，并用于预训练模型。
- 性能随着训练数据的数量级线性增加，即使在 3 亿张图像中，也没有观察到饱和。
- 容量至关重要，为了适应数据的复杂性，需要大型和深层网络。对于 ResNet-50，与使用 ResNet-152 时(3%)相比，COCO 对象检测基准的增益要小得多(1.87%)，如图 11-1 所示。

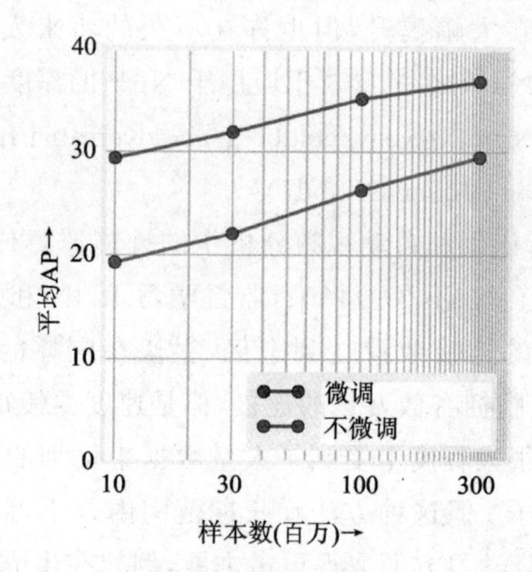

图 11-1　在训练 DL 模型中数据大小的重要性

(来源：https://ai.googleblog.com/2017/07/revisiting-unreasonable-effectiveness.html)

11.1.1　注意机制

注意机制是文本、图像注释和视频处理的关键，因为它们允许通过学习输入层应该关注的位置上的标记来处理可变(可能无限)大小的输入。注意机制主要用于文本或文本和图像的组合(如视觉V&A),CNN和LSTM。文章*Attention Is All You Need*(《注意力就是你所需要的》,https://arxiv.org/abs/1706.03762)描述了作者如何用一种转换器机制(Transformer)完全取代RNN,以便在输入和输出之间绘制全局依赖关系。它们减少了进入网络的离散成分的数量,将典型的循环和卷积映射层与使用注意力的那些层进行交换。作者表示,“我们计划将转换器扩展到涉及文本以外的输入和输出模态的问题,并研究局部的、受限制的注意机制,以有效地处理大型输入和输出,如图像、音频和视频。让生成顺序更少是我们的另一个研究目标。”

有关如何使用Keras在CNN中实现注意机制的简单示例,读者可参阅https://danvatterott.com/blog/2016/09/20/attention-in-a-convolutional-neural-net/。

11.1.2 多模式学习

多模式学习,即从多个来源(文本、图像、视频等)学习的能力,这是一个活跃的研究领域,并将在未来保持这种状态。

能够在统一的分布式表示中聚合结构化和非结构化信息,可以形成一个强大的框架,使我们更接近解决符号接地问题。例如,根据文献[ARDK16],仅给出三元组(问题、世界、答案)作为训练数据,该模型学习从神经模型的清单中组装神经网络,同时学习这些模块的权重,以便它们可以组成新颖的结构。他们将构图问答方法扩展到复杂、连续的世界表示,如图像。换句话说,他们用动态网络拓扑替换了固定网络拓扑,从而适应了针对每个问题执行的计算,使用更复杂的网络来处理更难的问题,这对于小数据集非常有效。

Quoc Le(夸克·勒)等人的工作(https://arxiv.org/abs/1511.04834),具有梯度下降的,也具有许多破坏性潜力,因为它允许神经网络学习创建新程序。这种方法代表了我们构思计算机编程方式的范式转变,从离散的离散/符号方法到完全可区分的连续替代方案。

麻省理工学院最近发表的一篇结合声音、图像和文本的论文(http://people.csail.mit.edu/yusuf/see-hear-read/paper.pdf)有一种有趣的方法,在对象和实体的分类中使用跨模态数据产生了令人印象深刻的结果。

谷歌发表了一篇名为*One Model To Learn Them All*(《一种模型来学习全部它们》)的论文(https://arxiv.org/pdf/1706.05137.pdf),使用单一模型来处理跨越多个域的多个不同数据源。该模型同时在ImageNet、翻译任务、图像字幕、语音识别和英语解析方面进行培训。该模型包含卷积层、注意机制和稀疏门控层。作者观察到,数据较少的任务在很大程度上受益于与其他任务的联合培训,而大型任务的性能仅略有下降。这项工作肯定使我们更接近能够解决任何任务的通用算法。

11.1.3 一次性学习

一次性学习或零射击学习也是一个令人兴奋的研究领域。在DeepMind最近的一项工作中(https://arxiv.org/abs/1605.06065),该团队试图捕捉人类遇到新概念的能力(只有一个或几个例子)并概括为创建概念的新版本。其核心解决方案是描述概率过程的方法,通过该概率过程可以生成观察数据点(例如,手写"8")。作者使用深度神经网络来指定这个概率过程,并表明他们的模型能够从一些观察中生成书面字符和人脸。

一次性学习对于机器而言是一项特别复杂的任务,而对于人类而言则是微不足道的。问题在于DL模型通常依赖基于梯度的优化来调整网络中每个神经元的权重,这需要通过网络的大量数据和迭代。

在论文*One shot learning with memory-augmented neural networks*(《使用记忆增强神经网络进行一次学习》,https://arxiv.org/abs/1605.06065)中,Google DeepMind开发了一个能够通过从少量数据中提取有效推论来学习新行为的网络。作者使用了一种双层学习(元学习:metalearning)方法,并表明具有记忆的神经网络能够应用于Omniglot分类任务的元学习(1 600个类,每个类只有几个例子)。该网络的性能优于最先进的网络,甚至可以超越人类。它通过慢慢学习原始数据的有用表示,然后使用外部存储器快速绑定新信息来实现这一点。

学习CNN中的大量参数需要非常大的训练数据集。一些作者,如Timothy Hospedales(提摩太·豪斯派戴尔斯,http://www.eecs.qmul.ac.uk/~tmh/),对称为零射击学习的技术进行了广泛的研究。在最近的一项工作(https://arxiv.org/abs/1603.06470)中,作者使用人脸合成方法用CNN进行人脸识别,该方法交换不同人脸图像的面部成分以生成新的人脸。他们在自由线性面部(Linear Faces in the Wild)(LFW)和CASIA NIR-VIS2.0数据集上实现了最先进的人脸识别性能。将来,将把这种技术应用于面部分析的更多应用。

在*One Shot Imitation Learning*(《一次模仿学习》,https://arxiv.org/pdf/1703.07326.pdf)一文中,作者提出了一种新的模仿学习方法,从极少数的示范中学习,并能够推广到新的情境。相同的背景。他们的元学习框架使用一个神经网络,将一个演示和当前状态作为输入,并输出一个动作,其目标是所得到的状态和动作序列与第二个演示尽可能匹配,读者可参阅http://bit.ly/one-shot-imitation。

在最近斯坦福大学的一组工作中(https://arxiv.org/pdf/1611.03199.pdf),作者探讨了一系列技术,以便在没有大量训练数据时扩展DL的适用性。他们演示了如何使用一次性学习来显著降低在药物发现应用中进行有意义预测所需的数据量。

他们使用了一种名为残余 LSTM 嵌入的体系结构，当与图形卷积神经网络结合使用时，显著提高了学习小分子有意义距离度量的能力。他们的模型在名为 DeepChem 的库(http://deepchem.io/)中是开源的。

11.1.4 强化学习和推理

最活跃的强化学习研究与代理人的学习环境相关，具有共享模型或在相同环境中相互交互和学习，例如学习在迷宫或城市街道等 3D 环境进行自动驾驶。反向强化正在从观察到的行为中学习任务的目标(例如，学习驾驶或赋予具有类似人类行为的非玩家视频游戏角色)。

在最近的作品"分层深度强化学习：整合时间抽象和内在动机深入研究"(http://arxiv.org/pdf/1604.06057.pdf)中，作者利用好奇心推动代理人在具有挑战性的 Atari 游戏中取得一些成功。

除了 Q 学习之外的无模型学习方法也非常活跃，并在 https://github.com/karpathy/paper-notes/blob/master/vin.md 中进行了描述。

最近的一项工作(https://www.ncbi.nlm.nih.gov/pmc/articles/PMC5299026/)表明，使用 CNN 和 RNN 的编码模型可用于预测响应感官刺激的大脑活动，从而模拟感官信息在大脑中表现出来。他们研究了递归神经网络模型的合理性，以"表示内部记忆和任意特征序列的非线性处理，以预测功能磁共振成像测量的特征诱发响应序列"，发现它们远远超过脊回归模型。

来自 Sergey Levine(谢尔盖·莱文)在 https://www.youtube.com/watch?v=eKaYnXQUb2g (译者注：时长 60 分钟，深度机器人学习，Deep Robotic Learning)上的视频是理解 DL 控制理论的理论和改进的优秀资源，并总结了最近的一些结果。

DNN 的一个缺点是它们很难明确地提取层次结构，就像在图形贝叶斯模型中那样。ANN 利用非结构化数据(如图像和文本)进行复杂的预测，但几乎没有可解释的结构。对于图像理解的结构化模型，如果能够充分表达以捕获数据的复杂性，又易于进行推理，则非常困难。

Hinton(辛顿)最近的一项工作展示了如何通过结构化与非结构化学习相结合来克服这些困难，超越了其他非结构化的深层生成方法，如 VAE，这些方法无法轻易解释[EHW+16]。结构化生成方法在很大程度上与深度学习不相容，因此推断一直是困难和缓慢的(例如，通过 MCMC)。Hinton 使用结构化的概率模型和深度网络，通过学习，摊销推理进行场景解释。该模型通过适当的部分或完全指定的生成模型强加其表示的结构，而不是标签的监督。读者可参见 www.cs.toronto.edu/hinton/absps/AttendInferRepeat.pdf (译者注：若找不到，可到 https://arxiv.org/abs/1603.

08575 网址)。Hinton 所提出的框架关键是允许推理给定场景的复杂性(其潜在空间的维度)。

关系推理是 GAI 的核心组成部分,但已经证明很难通过 ANN 解决。最近谷歌提出了一个项目来处理关系推理的难题,其(https://arxiv.org/abs/1706.01427)提出了一个有趣的解决方案。Google 测试了三个任务的模型:名为 CLEVR 的数据集上的视觉问答(VQA),实现了最先进的(超过人)性能;使用 bAbI 任务套件进行基于文本的问题回答;关于动态物理系统的复杂推理。Google 证明卷积网络没有解决关系问题的一般能力,但在使用关系网络进行扩充时可以获得这种能力。

在最近的两篇论文(https://deepmind.com/blog/agents-imagine-and-plan/)中,DeepMind 描述了一系列基于想象力的规划方法,还引入了一些体系结构,为代理提供了学习和构建计划的新方法,以最大限度地提高任务的效率。这些架构对于复杂和不完美的模型是高效、稳健的,并且他们可以采用灵活的策略来开发他们的想象力。他们引入的代理商受益于"想象编码器"(imagination encoder),这是一种神经网络,它学会提取任何对代理人未来决策有用的信息,但忽略那些不相关的信息。DeepMind 在多项任务上测试了所提出的架构,包括益智游戏推箱子和宇宙飞船导航游戏。

11.1.5 生成神经网络

虽然不是新的,但生成神经网络(GNN)正在成为一个活跃的研究领域。深度生成模型是无监督和半监督学习的有效方法,其目标是在不依赖外部标签的情况下发现数据中的隐藏结构。

生成模型在概率密度估计、图像去噪和修复、数据压缩、场景理解、表示学习、3D 场景构建、半监督分类和分层控制中具有应用。

生成模型有三种主要类型:完全观察模型、潜变量模型和转换模型。每个人都有一个特定的推理机制。这些算法包括自回归分布估计器、变分自动编码器和生成对抗网络。使用潜变量的深度生成模型的示例包括深度置信网络、变分自动编码器以及无记忆和摊销推断。

原则上,生成模型具有比判别模型更丰富的解释能力。

- 它们能够表示数据中的潜在(隐藏)结构及其不变量,例如,3D 对象中光的强度、旋转、亮度或布局的概念。
- 它们可以将世界描绘成"它可能是"而不是"呈现它"。
- 它们能够表达输入和输出之间的简单关联。
- 它们可以在数据中发现令人惊讶但可信的事件。

生成模型可用于插补,例如,绘画中的图像(遮挡、斑块去除)、3D 生成、一次性学习和表示学习(用于控制)。

所有生成网络都有使用潜变量来表示观测数据的想法,并且它们将在不久的将来继续保持相关性。

11.1.6 生成性对抗神经网络

生成性对抗性神经网络(GAN)是一个活跃的研究领域。有关GAN的有趣应用程序列表,读者可参阅 https://github.com/nashory/gans-awesome-applications 中的存储库。

GAN对于样式转移和用作生成模型特别有用。另一个优点是它们可以通过避免计算分区函数中的归一化因子来估计概率密度。

使用GAN可以执行以下操作:

- 模拟训练数据;
- 处理缺失的数据(图像修复、半监督学习);
- 为单个输入提供多个正确答案;
- 生成逼真的图像;
- 通过预测进行模拟;
- 解决硬推理问题;
- 学习有用的嵌入;
- 控制潜在空间以表示插值(姿势、年龄等)。

这些模型的缺点是它们不稳定且难以训练。OpenAI发布了一篇详细的博客文章,其中介绍了如何解决一些训练GAN的问题,并使它们更稳定地生成图像。作者介绍了GAN的新架构特征和训练程序,包括半监督学习和人类逼真图像的生成。他们用其他目标训练模型,而不是指定很高的可能性来测试数据或在没有标记数据的情况下很好地学习。他们在MNIST、CIFAR-10和SVHN的半监督分类中取得了最先进的成果。该模型生成了人类无法与真实数据区分的MNIST样本,并生成了人为错误率为21.3%的CIFAR-10样本。

像Photoshop这样的面向创意的应用程序可能允许艺术家仅根据高级描述来制作照片。例如,艺术家可以要求应用程序绘制一个带有现代家具,大窗户,午后阳光和两个孩子的卧室。一个生成网络,经过大量卧室照片和室内装饰杂志的培训,能够在几秒钟内创造这样的照片。在审查了第一个渲染后,艺术家可以要求更大的窗户,墙壁上不同颜色的油漆,等等。因为神经网络理解不同抽象层的图像,所以在对象层面,它们能够进行这些更改并实现完整的工作流程。

Hyland(海兰)等提出了一种GAN,用于生成具有经常性条件GAN的实值医疗时间序列生成(https://arxiv.org/pdf/1706.02633.pdf)。这是一种有趣的方法,因为监管问题很难获得医疗数据。

GAN 方法很有用,因为它适用于评估可能性或梯度难以处理的模型,所需要的只是一个生成过程,给定一个随机种子,生成一个样本数据对象。特别地,GAN 方法避免了例如期望最大化算法中所需的计算成本高的推理步骤。Arakaki(荒崎)和 Barello(巴雷罗)最近的一项工作(https://arxiv.org/pdf/1707.04582.pdf)“使用生成对抗网络捕获生物调整曲线的多样性”(Capturing the diversity of biological tuning curves using generative adversarial networks),使用 GAN 来拟合生物神经元网络选择性响应的参数,从而避免构建具有预定义的显式推理模型的可能性和先验。

11.1.7 知识转移和学会学习

从一些例子中学习并能够迅速概括是人类智能最显著的特征之一。任何人工智能代理都应该能够从少数几个例子中快速学习和适应,并且应该在更多可用时继续适应。这种快速而灵活的学习具有挑战性,因为代理必须将其先前的经验与少量的新信息相结合,同时避免过度拟合新数据。此外,先前经验和新数据的形式将取决于任务。因此,为了最大的适用性,学习(或元学习)的机制应该是完成任务所需的任务和计算形式的一般性。

Finn(芬恩)等人提出了一种非常有效的元学习算法,能够快速适应以前训练过的网络中的新任务(https://arxiv.org/pdf/1703.03400.pdf)。例如,对可以行走的机器人进行重新训练让它可以跑步。

一些有前途的新算法,如 Lake、Salakhutdinov 和 Tenenbaum [LST15]所提出的算法,将有助于 DNN 的一个有问题的方面,即他们很难从几个例子中学习和转移知识,这样他们就可以根据仅仅几次观察来吸收新的知识。作者将其称为贝叶斯程序学习(BPL)框架,其工作原理是使用潜在的概念为每个类生成一个独特的程序。该软件不仅能够模仿儿童获得读/写能力的方式,而且能够模仿成年人已经知道如何识别并重新创建手写字符的方式。

Long 等人[LCWJ15]还提出了一种处理知识转移的有趣架构,称为深度适应网络(DAN),它通过明确减少深度神经网络的任务特定层中的特征可转移性,将 CNN 推广到域适应、域差异的场景。所有任务特定层的隐藏表示被嵌入到再现内核 Hilbert 空间中,其中可以明确地匹配不同域分布的平均嵌入。他们通过不同来源的图像在 KT 中获得了最先进的结果。

埃斯马里(Esmali)等人[EHW+16]最近提出了一种通过潜在空间中的变分推理来捕获层次结构图像的方案。他们将推理视为一个迭代过程,实现为一次出现一个对象的递归神经网络,并学会对每个图像使用适当数量的推理步骤。这允许通过利用迭代性来捕获可伸缩的可视化表示,并且还可以通过实现循环推理网络来扩展,从而捕获后验中的潜在变量之间的依赖性,例如考虑到已经解释了部分场景的事实。

11.2 何时不使用深度学习

有时深度学习可能更像是一种障碍,而不是资产。DL 包含灵活的模型,具有多种体系结构和节点类型,优化器和正则化策略。根据应用程序,模型可能具有卷积层。(层的宽度和深度应该是多少?过滤器的大小是多少?有多少?池化操作是最大还是平均?或者它可能有一个反复出现的结构。它是单向还是双向?是 LSTM 还是 GRU?它可能很深或只有几个隐藏层。它有多少个单位?)它可能使用整流线性单位或其他激活功能。它可能有也可能没有 dropout(在什么层?什么部分?),权重应该是正则化的(l1,l2 或其他),应该使用什么损失函数?

这只是部分清单,还有许多其他细节可能会影响网络的性能(正则化、传递函数、损失函数、优化器)以及许多用于调整和调整架构的超参数。谷歌最近吹嘘自己的 AutoML 管道可以自动找到最好的架构,这令人印象深刻,但它仍然需要超过 800 个 GPU 全天投入,几乎任何其他人都无法实现。关键在于,在计算和调试时间内,深度网络训练需要付出巨大代价。这样的费用对于许多日常预测问题以及向他们调整深度网络的投资回报率没有意义。

即使有足够的预算和承诺,也没有理由不首先尝试替代方法,即使作为基线。你可能会惊喜地发现 SVM 或 XGBoost 确实是你所需要的。

11.3 新 闻

本节重点介绍了人工智能领域的一些新闻和重要发展。

- OpenAI 最近的博客文章(https://blog.openai.com/deep-reinforcement-learning-from-human-preferences/)提供了一种学习算法,该算法使用少量人工反馈在复杂的 RL 环境中导航。该算法需要来自人类评估员的 900 位反馈来学习后空翻——一个看似简单的任务,易于判断但具有挑战性。
- 请参阅 https://medium.com/@pavelkordik/recent-developments-in-artificial-intelligence-b64286daa06b 中的博客文章,获取有关 DL 最新发展的精彩教程。
- 超分辨率图像处理是一个新的研究领域。Ledig(莱迪希)等人提出了一种基于 GAN 的技术(https://arxiv.org/abs/1609.04802),称为超分辨率

(SRGAN),用于实现4倍放大因子的逼真自然图像。

- Dahl等人提出了(https://arxiv.org/abs/1702.00783)像素递归超分辨率模型,仍处于图像超分辨率,它将真实细节合成到图像中,同时增强了它们的分辨率。使用PixelCNN架构,该模型能够通过对低分辨率输入条件下的高分辨率图像像素之间的统计依赖性进行建模来表示多模式条件分布。
- 最近有几种图像修复技术,这意味着填充图像中隐藏的片段。例如,*Image Inpainting with Perceptual and Contextual Losses using a DCGAN:Deep Convolutional Generative Adversarial Network*(《使用DCGAN进行感知和上下文损失的图像修复:深度卷积生成性对抗网络》,http://arxiv.org/pdf/1607.07539v1.pdf)。
- 如上所述,DL机器本质上是黑盒子。最近的*Why should I trust you*(《为什么我应该信任你》,https://arxiv.org/abs/1602.04938)是一篇非常有趣的论文,它使DL机器在从数据中学到的功能方面更具说明性和透明度。读者可参阅http://www.myaooo.com/wp-content/uploads/2017/08/understanding-hiddenmemories-camera.pdf,了解如何使LSTM可解释。
- 深度学习也应用于事件时空数据[DDT+16],读者可参阅https://www.mpi-sws.org/manuelgr/pubs/rmtpp.pdf。基于观察到的事件序列,作者可以预测未来的事件。准确估计临床事件何时可能发生,可有效促进针对患者的护理和预防,以减少潜在的未来风险。另外读者还可参考关于空间时间预测的这项工作:https://arxiv.org/pdf/1706.06279.pdf。

11.4 人工智能在社会中的伦理和启示

随着计算机算法变得越来越复杂,机器开始制定更复杂、影响更大的决策:最终生死攸关,一些严重的道德问题将不可避免地出现。例如,如果算法提出的医学治疗出错或者自驾车撞向一群行人以拯救司机,谁应该对这些决定负责?

最大的问题是软件的复杂性通常意味着不可能确切地解释为什么AI系统会做它的功能。最近使用名为Tay的Microsoft Twitter机器人进行的实验证明了如何通过与人类的互动来扭转善意的技术。Tay的设计目的是学习与Twitter用户的互动。在实验首次启动的中国,机器人成功了。但在美国,机器人变成了性别歧视、种族主义和仇外心理(https://www.theverge.com/2016/3/24/11297050/tay-microsoft-chatbot-racist)。探索机器人取悦用户的天真"行为",他们很快就利用这种弱点故意说服机器否定大屠杀之类的东西。该实验揭示了社会化的重要性以及将道德纳入机器人的难度。

最近创建了一个新的Google研究小组，研究人们如何与人工智能互动，称为人员＋人工智能研究计划(PAIR)。该小组的目标是让人们更容易与人工智能系统进行交互，并确保这些系统不会显示偏见，或者是无助益的。PAIR将汇集AI研究人员和工程师、领域专家(如设计师，医生和农民)、日常用户。读者可以在https://www.blog.google/technology/ai/pair-people-ai-research-initiative/上找到有关该组的更多信息。

DeepMind创建了DeepMind道德与社会(https://deepmind.com/applied/deepmind-ethics-society/)，以解决人工智能在社会中的影响。它在博客上说："技术不是价值中立的，技术人员必须对其工作的道德和社会影响负责。在人工智能这样复杂的领域，说起来容易做起来难，这就是为什么我们致力于深入研究道德和社会问题，包含许多声音，以及持续的批判性反思。"

以下是一些其他值得注意的资源：

- 中国正在使用图像和语音识别技术取代卡片以从ATM取钱，详见https://www.scmp.com/news/china/money-wealth/article/1813322/china-develops-cash-machines-facial-recognition-feature-curb。
- https://www.wired.co.uk/article/creating-transparent-ai-algorithms-machine-learning中的这篇文章探讨了算法问责制的概念，以及算法是否可以摆脱人类偏见。
- Nick Bostrom(尼克·波斯托姆)发表了一篇题为*Strategic Implications of Openness in AI Development*(《开放性在人工智能开发中的战略意义》)的工作论文(https://nickbostrom.com/papers/openness.pdf)，并考虑了保持AI开源的重要性。
- 一项关于自动驾驶汽车社会困境的高调研究的作者发布了道德机器(http://moralmachine.mit.edu)。该平台将在人们对机器如何在面对道德困境以及道德后果的情景时做出决策时众包观点。实验提出了一些棘手的问题——试试看！
- 最近出版的*Weapons of Math Destruction*(《数学杀伤性武器》，https://www.amazon.co.uk/Weapons-Math-Destruction-Increases-Inequality/dp/0553418815)指出了机器学习和人工智能的另一个非常重要的问题。读者可参考另外一本关于人工智能在社会中的影响的一些书，例如，*Our Final Invention*(《我们的最终发明》)。
- 关于算法偏差，Kate Crawford(凯特·克劳福德)推出了现今的人工智能(https://artificialintelligencenow.com)，这是一项跨学科的研究计划，旨在了解人工智能的社会和经济影响。一些可能隐藏潜在偏见的算法已经常规用于做出重要的财务和法律决策。这些算法大多数都是专有的，不适合解释。例如，他们可能会决定谁获得面试，谁获得假释（https://www.technologyreview. com/s/603763/how-to-upgrade-judges-with-machine-learning/），以及谁获得贷款。

- 随着更复杂的神经网络的可用性，能够生成非常逼真的内容、文本、图像甚至视频（例如 https://www.youtube.com/watch? v=9Yq67CjDqvw，译者注：时长 8 分钟，*Synthesizing Obama：Learning Lip Sync from Audio*《合成奥巴马：从音频学习唇同步》），检测虚假内容变得非常困难。例如，芝加哥大学的研究人员已经培训了一个神经网络，以产生令人信服的假餐厅评论。一些作者声称，假新闻在 2016 年美国大选中起了决定性作用。
- 社交媒体新闻是一把双刃剑。一方面，它成本低，易于访问，并提供快速的信息传播。另一方面，它可以传播“假新闻”或故意虚假信息的低质量新闻。假新闻的广泛传播可能对个人和社会产生极为不利的影响。在最近的出版物（https://arxiv.org/abs/1708.01967）中，作者回顾了社交媒体上虚假新闻检测的方法。

人工智能的一个重要后果是，它将使区分真实内容和生成内容（假的）变得更加困难。在最近的一项研究（http://grail.cs.washington.edu/projects/AudioToObama/siggraph17_obama.pdf）中，华盛顿大学的一个团队开发了一种算法，能够生成一个人的真实视频。他们应用了一个循环神经网络，训练巴拉克奥巴马每周的讲话录像。然后，他们利用这个网络制作出逼真的视频，这些视频的内容具有令人印象深刻的质量，人类很难区分。与先前的工作不同，他们不要求扫描受试者或语音数据库包含许多人说预先确定的句子的视频。一切都是从现有的录像中得到的。读者可参阅 https://www.youtube.com/watch? v=MVBe6_o4cMI。

11.5 AI 中的隐私和公共政策

随着神经网络在图像处理中达到人类级别的准确性，将会对个人隐私方面产生影响。例如，当有可能从无所不在的视频摄像机识别个人，允许政府或公司跟踪街道上的每个人时，我们可能比我们想象的更接近奥威尔式反乌托邦。

为全球公司提供人力资源指导的 IBA 全球就业研究所发布了一份关于人工智能对法律、经济和商业问题影响的报告（https://drive.google.com/drive/folders/0Bxx383wVJ39Pb1p1eGhERTBGVDQ），例如：未来劳动力市场、公司结构、工作时间、薪酬、工作环境、就业形式和劳动关系的变化。

2017 年 9 月发布了一份关于英国人工智能的独立报告（https://www.gov.uk/

government/publications/growing-the-artificial-intelligence-industry-in-the-uk/recommendations-of-the-review)，以向政府提供建议。报告建议通过建立的数据信托促进数据共享，利用公共资金创建和共享数据，并为ML创建300个新的硕士学位和200个博士学位课程(到2025年增长到1 600个博士学位)，以及其他举措。报告指出，研究和商业化是英国技术产业的巨大机遇。AI可以将2035年全球汽车总产值的年增长率从2.5%提高到3.9%。

微软首席执行官Satya Nadella(萨蒂亚·纳德拉)概述了他发展人工智能愿景的三个关键原则：

- 增强人的能力和经验，而不是取代我们；
- 通过解决隐私、透明度和安全性来努力赢得用户的信任；
- 技术应该是包容性的，尊重所有用户。

然而，特斯拉首席执行官Elon Musk(伊隆·马斯克)等其他人提出了有关监管人工智能的必要性以及失控风险的问题。

Miles Brundage(迈尔斯·布伦戴奇)发表了一份详尽的文件，名为*A Guide to Working in AI Policy and Strategy*(《人工智能政策和战略工作指南》，https://80000hours.org/articles/ai-policy-guide/)。他表示，“我们迫切需要人工智能政策和战略问题的答案，因为：①实施解决方案可能需要很长时间；②有些问题可以更好地解决，而人工智能不太先进，关于该主题的观点/兴趣较少被锁定；③我们不知道何时会开发出特定的人工智能能力，并且不能排除突然前进的可能性。”

11.6 初创公司和风险投资

DL为创业公司和投资者提供了巨大的机会。在经济学家最近的一篇评论中，http://www.economist.com/news/special-report/21700761-after-many-false-starts-artificial-intelligence-has-taken-will-it-cause-mass)，Nathan Benaich(内森·贝纳希)表示根据数据分析公司Quid的数据，2015年，人工智能公司的支出达到创纪录的85亿美元，几乎是2010年的4倍。2015年AI公司的投资轮数量比前一年增加了16%，而整个科技行业则下降了3%。

2017年，人工智能初创公司的资金继续保持上升趋势，投资创下新高，读者可参阅https://techcrunch.com/2017/07/11/inside-the-q2-2017-global-venture-capital-ecosystem/(见图11-2)。根据CrunchBase的数据，风险投资、企业和种子投资者在2017年上半年已向人工智能和机器学习公司投入了约36亿美元。这比他们在2016年的整个投资都要多，这是同期有史以来最大的记录金额。

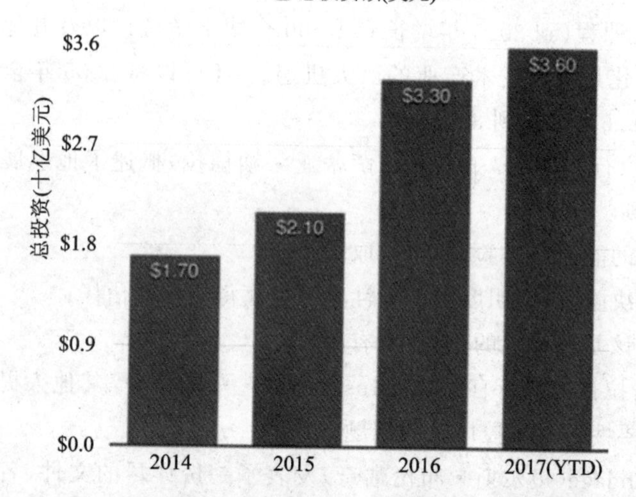

图 11-2　从 2014 年到 2017 年中期投资的人工智能

（来源：CrunchBase https://techcrunch.com/2017/07/15/vcs-determined-to-replace-your-job-keep-ais-funding-surge-rolling-in-q2/）

根据 CrunchBase 报告，人工智能初创公司的股权交易包括将医疗保健、广告和金融等垂直行业应用人工智能解决方案的公司以及开发通用人工智能技术的公司增加近六倍，从 2011 年的约 70 家增加到 2015 年将近 400 家（见图 11-3）。

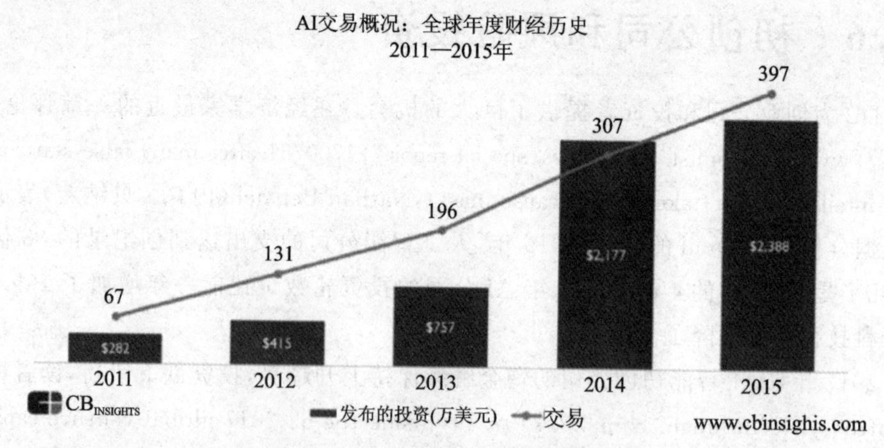

图 11-3　投资基于 AI 的创业公司

（来源：CrunchBase Insights））

2014 年，利用人工智能初创企业融资年度增长了 65%，主要由 4 家超过 1 亿美元融资的公司推动，这些公司包括 Avant、销售服务初创公司 Insidesales、医疗诊断公司 Butterfly Network 和深度学习初创公司 Sentient Technologies。

Element.ai 筹集了 1.02 亿美元的 A 系列资金，投资者包括微软、Nvidia 和英特尔，所有这些都有自己的 AI 野心。该公司希望通过易于部署的解决方案将 AI 的访问民主化。

Google 最近推出了 Gradient Ventures(https://gradient.google)来投资 AI 创业公司。Gradient Ventures 将在 2018 年投资 10～15 笔交易，每笔交易通常会投入 100 万至 800 万美元。投资组合公司将有机会从 Google 获得高级 AI 培训和工程帮助。

根据 CrunchBase Insights，医疗保健是深度学习的主要工业应用，自 2012 年以来在 270 宗交易中筹集了 18 亿美元。据市场研究公司 Tractica 称，仅在医疗保健领域，医疗影像分析的年收入将从 2016 年的不到 10 万美元增加到 2025 年全球 15 亿美元。

11.7 未 来

真正的基础技术，如蒸汽机、电力、晶体管或互联网，对世界产生巨大影响，因为它们可以创造新的产业、产品和流程。

深度学习是互联网以来出现的最重要的基础技术之一。在短短几年内，它已从学术界转向生产，为视觉、语音、机器人、医疗保健以及全球数十亿人使用的各种服务提供动力。据 ARK Research 称，在未来 20 年内，以学习为基础的公司可以创造超过 17 万亿美元的新市值。

深度学习虽然到 2017 年只有五岁，但在用例、初创公司、市场采用和收入方面的增长速度非常快。尽管迄今为止取得了进展，但存储网络和生成网络等新功能可以使深度学习变得更加强大，可能为人工智能提供桥梁。在这种情况下，深度学习甚至可以使互联网看起来很小。

人工智能驱动的自动化对社会的影响将是巨大的，因为它可以取代整个活动部门。例如，仅在美国就有大约 400 万卡车司机有可能看到他们的工作被自动驾驶卡车取代。

这不仅适用于低技能专业，也适用于高技能专业。由于机器将很快与病理学家和放射科医师竞争，全科医生也面临风险。个人助理可能很快会提供比普通家庭医生更准确的诊断。即使机器还不能进行对话，当前的技术已经采用自然语言接受订单，并且可能在不久的将来完全对话。

通过大数据，高级学习算法以及快速 GPU 和 TPU 的结合，深度学习的未来就像你想象的那样光明。社会的影响将是巨大的，许多行业将被建立在这个基础之上。

以下是 DL 未来研究的一些领域。

尽管目前 DL 在诊断骨折、肺癌或皮肤癌方面优于医生,但这些模型在提供非常不典型的数据(疑难杂症)和整合不同的数据源时仍然会失败,因此会对没见过的病例给出不准确的结果。此外,CNN 是对抗性例子的容易攻击的目标,这会使它们非常脆弱。需要进一步的研究来填补这些空白,整合更多的数据(如基因组学),以便这些算法发挥它们的潜力。

为了破译生命的机制,遗传学研究还需要架起"基因型-表型分化"的桥梁。基因组和表型数据丰富。不幸的是,这种数据有意义地连接的最新技术还是一个缓慢、昂贵和不准确的过程。为了结束这个循环,需要一个系统来确定中间表型,称为分子表型,它作为从基因型到疾病表型的垫脚石。因此,机器学习是必不可少的。

CNN 在图像识别、分割和目标检测等方面达到了人类精度水平。然而,尽管取得了进展,但在能量效率方面,人工神经网络仍然远远低于人脑(人脑仅消耗 20 W,而单个 Titan - X GPU 消耗 200 W)。尽管谷歌的 TPU 处理器致力于深入学习,但肯定需要更高效的计算硬件。

注意力机制以及信息反馈循环(自上而下和自下而上)也是一个很有前途的途径。有一些有趣的想法是受到人类视觉系统的启发的,比如 CortexNet(https://arxiv.org/abs/1706.02735)和 Feedbacknet(http://feedbacknet.stanford.edu/)。这些模型不仅是自下而上的前馈连接,而且还模拟了人类视觉皮层中存在的自上而下的反馈和横向连接。

ANN 仍然很难理解人类认为理所当然的东西——常识。我们没有意识到教育一台机器去开发理解人类很容易理解的简单场景的能力有多困难,比如重力总是把物体向下推,因此水会向下流动。

这个问题的解决方案就是更多的数据。为了克服这个困难,最近创建了一个大型图书馆,用于人类视觉对世界的理解(https://medium.com/twentybn/learning-about-the-world-through-video-4db73785ac02)。它包含两个带有 256 591 个标记视频的视频数据集,用于教授机器的视觉常识。第一个数据集允许机器对物理世界中发生的基本操作进行细粒度的理解。第二组动态手势数据集能够为人机交互提供强大的认知模型。

循环网络显然优于前馈模型。更有效的培训方式(包括不可区分的模型)是一条重要的研究途径。进化算法是一种很有前景的途径。

11.7.1 用较少的数据学习

DL 需要数据密集型算法,并且需要许多人工注释。对猫和狗进行分类的 AI 算法如果没有输入该物种的图像,将无法识别出罕见的狗种。

另一个主要挑战是增量数据。在这个例子中,如果你想要识别猫和狗,你可能会在第一次部署时训练你的AI有许多不同物种的猫和狗的图像。虽然新物种可能与其他物种更相似,但这可能需要完全重新培训和重新评估。你能让ANN更适应这些微小的变化吗?

11.7.2 转移学习

在转移学习中,学习在同一算法中从一个任务转移到另一个任务。在具有较大数据集的一个任务(源任务)上训练的算法可以在有或没有修改的情况下被传送,作为试图在(相对)较小的数据集上学习不同任务(目标任务)的算法的一部分。

在诸如对象检测的不同任务中使用图像分类算法的参数作为特征提取器是转移学习的简单应用。相比之下,它也可用于执行复杂的任务。谷歌开发的算法比使用转移学习更好地对糖尿病视网膜病变进行分类。

11.7.3 多任务学习

在多任务学习中,同时解决多个学习任务,利用跨域的共性和差异。有时一起学习两个或更多任务(也称为多模式学习)可以提高精确度。

在现实世界的应用程序中看到的多任务学习的一个重要方面是,当训练任何任务变得无懈可击时,你需要尊重来自许多域的数据(也称为域适应)。猫和狗用例中的一个示例是可以识别不同来源的图像的算法(例如VGA摄像机和HD摄像机甚至红外摄像机)。在这种情况下,域分类的辅助丢失(图像来自哪里)可以添加到任何任务中,然后机器学习使得算法在主要任务中变得更好(将图像分类为猫或狗图像),但故意在辅助任务中变得更糟(这是通过反向传播来自域分类任务的反向错误梯度来完成的)。这个想法是该算法学习主要任务的判别性特征,但忘记了区分域的特征。

11.7.4 对抗性学习

作为一个领域的对抗性学习是从Ian Goodfellow(伊恩·古德费罗)的研究工作演变而来的。对抗性学习最流行的应用是生成对抗网络(GAN),可用于生成高质量图像,但是还有其他应用程序。

利用GAN损失可以使“领域适应博弈”得到更好的解决。这里的辅助损耗是一个GAN系统,而不是单纯的领域分类,其中鉴别器试图分类数据来自哪个域,而生成器组件试图通过将随机噪声作为数据来欺骗它。这比简单的领域适应(也比代码更不稳定)更有效。

11.7.5 少量学习

少量学习(few-shot learning)是一种研究技术,与传统算法相比,深度学习算法(或任何机器学习算法)学习的例子更少。一次性学习(one-shot learning)基本上是学习一个类别的例子;归纳,k-shot学习意味着用每个类别的k个例子学习。

在所有主要的深度学习会议上都有大量的少量学习领域论文出现,现在有特定的数据集来作为结果的基准,就像正常机器学习的MNIST和CIFAR一样。单步学习在某些图像分类任务中有许多应用,如特征检测和表示。

有多种方法可用于少量学习,包括传输学习、多任务学习和作为算法的全部或部分的元学习。还有其他一些方法,比如拥有巧妙的损失函数,使用动态架构,或者使用优化调整。零次性学习使用了一类算法,它们声称可以预测算法甚至没有见过类别的答案;基本上,它们是可以用新类型数据进行扩展的算法。

11.7.6 元学习

元学习(Metalearning)最近已成为深度学习的一个活跃领域,最常用的是超参数和神经网络优化技术,找到良好的网络架构,使用少数镜头图像识别,以及使用快速强化学习。读者可参阅来自Google最近的工作,网址为https://deepmind.com/blog/population-based-training-neural-networks/。

这被称为完全自动化,用于决定参数和超参数,例如网络架构。尽管围绕它们进行了大量宣传,但元学习器(metalearner)仍然是算法。换句话说,它们是通过日益复杂和变化的数据来扩展机器学习的途径。

11.7.7 神经推理

神经推理是模式识别的一个步骤,其中算法超越了简单地识别和分类文本或图像的想法。神经推理正在解决文本分析或可视化分析中的更多通用问题。

这一新的技术出现在Facebook的bAbi数据集或最近的CLEVR数据集发布之后。破译关系而不仅仅是模式的技术具有巨大的潜力,不仅可以解决神经推理,还可以解决其他多个难题,包括少量学习问题。

所提到的所有技术都有助于以某种方式用更少的数据来解决训练。虽然元学习将提供仅仅模拟数据的架构，但转移学习正在从其他一些领域获取知识以补偿较少的数据。作为一门科学学科，很少有学习专注于这个问题。对抗性学习可以帮助增强数据集。

域适应(一种多任务学习)、对抗性学习和(有时)元学习体系结构有助于解决数据多样性带来的问题。元学习和少数学习有助于解决增量数据的问题。

神经推理算法有巨大的潜力，采用元学习者或少量学习来解决现实世界中的问题。

附录A　用 Keras 训练 DNN

本附录将讨论如何使用 Keras 框架来培训深度学习，并探索一些应用于使用完全卷积网络(FCN)进行图像分割的示例，以及使用宽而深的模型(受 TensorFlow 实现的启发)进行点击率预测。

尽管深度人工神经网络规模庞大，但成功的深度人工神经网络在训练和测试性能之间的差异却非常小，读者可参见 https://blog.acolyer.org/2017/05/11/understanding-deep-learning-requires-re-thinking-generalization/。在一篇博文(https://beamandrew.github.io/deeplearning/2017/06/04/deep_learning_works.html)中，Andrew Beam 解释了为什么可以应用非常大的神经网络，即使你有很小的数据集而不会有过度拟合的风险。

A.1　Keras 框架

Keras.io 是开始部署深度学习模型的优秀框架。作者 Francois Chollet(弗朗索瓦·克里特)创建了一个很棒的库，遵循极简主义的方法，并且已经预先配置了许多超参数和优化器。读者可以使用 Theano、TensorFlow 和 CNTK 后端少于十行代码中运行复杂模型。

A.1.1　在 Linux 中安装 Keras

Keras 的安装非常简单。第一步是安装 Theano 或 TensorFlow。使用 Pip 可以轻松安装 TensorFlow。但是请注意安装的版本。如果使用 GPU,则必须选择运行 Cuda 的兼容安装。有一些明显的依赖如 Numpy,或不太明显的依赖如 hdf5 压缩文件。读者可参阅 Linux 安装的完整说明:https://www.pyimagesearch.com/2016/11/14/installing-keras-with-tensorflow-backend/。

A.1.2 模　型

Keras 中的模型被定义为层序列。网络是形成网络拓扑的层的堆栈。输入图层需要与输入数据具有相同的尺寸。使用 input_dim 参数创建第一个图层时,可以指定此项。

寻找最佳网络架构(层数、层大小、激活功能)主要通过反复试验来完成。通常,需要一个足够大的网络来容纳问题的复杂性,但这个网络并不太复杂。

完全连接的层使用 Dense 类定义。你可以指定图层中的神经元数量作为第一个参数。

应将网络权重初始化为从均匀分布生成的小随机数。初始化方法可以指定为 int 参数。激活函数也被指定为参数。如果不确定这些初始化,则使用默认值。

A.1.3 核心层

神经网络由一组彼此连接的(大部分是连续的)层组成。下面这些是最常见的图层:

- 输入(Input);
- 密集(Dense);
- Convolution1D(一维卷积)和 Convolution2D(二维卷积);
- 嵌入(Embedding);
- LSTM。

神经网络与张量一起使用。在执行计算之前,需要将数据(作为 Pandas 数据框的 Numpy 数组)转换为张量。输入层是神经网络的入口点。

Dense 层是最基本(也是最常见)的一种层。它的参数有统一数和激活函数。整流线性单元(ReLU)激活函数是最常见的一种。卷积层(一维或二维)主要用于文本和图像,所需的参数是滤波器的数量和内核大小。嵌入层对于文本数据非常有用,因为它们可以将非常高维的数据转换为更密集的表示形式——它们需要两个参数 input_dim 和 output_dim。LSTM 层对于学习时间或顺序数据非常有用——唯一需要的参数是单元数(要小心),因为这些具有这些层的网络计算量非常大,而且很容易过拟合。

其他一些常见的激活函数是 tanh、softmax 和 argmax。

下面是一个用于分类数据的 Keras 模型的简单示例(响应变量是文件 xxx.csv 的最后一列,为 0 或 1)。在本例中,读者将训练一个分类器,将超过 150 个 epoch 的交叉熵最小化,并打印预测。假设数据是标准化的。作为最后一层的激活函数,读者使用的是 sigmoid,但通常应该使用 softmax。假设输入数据包含在应该提供的初始 X_dim 列参数中。

```
from keras.models import Sequential
from keras.layers import Dense
import numpy as np
# load a dataset
dataset = np.loadtxt("xxx.csv", delimiter = ",")
# split into input (X) and output (Y) variables
X = dataset[:,0:X_dim]
Y = dataset[:,X_dim]
# create model
model = Sequential()
model.add(Dense(12, input_dim = X_dim, init = 'uniform',
activation = 'relu'))
model.add(Dense(5, init = 'uniform', activation = 'relu'))
model.add(Dense(1, init = 'uniform', activation = 'sigmoid'))
# Compile model
model.compile(loss = 'binary_crossentropy', optimizer = 'adam',
    metrics = ['accuracy'])
# Fit the model
model.fit(X, Y, epochs = 150, batch_size = 10, verbose = 2)
# calculate predictions
predictions = model.predict(X)
# round predictions
rounded = [round(x[0]) for x in predictions]
print(rounded)
```

A.1.4 损失函数

Keras 带有最常见的损失功能,包括以下基本功能:

- 分类问题的交叉熵和二元交叉熵(cross entropy and binary cross entropy for classification problems);
- 分类交叉熵(categorical cross entropy);
- 回归问题的均方误差(MSE,Mean Square Error)。

建立个性化的损失功能非常简单。本附录后面的 FCN 代码中提供了一个示例,使用 binary_crossentropy_2d_w()函数对交叉熵进行加权以解决不平衡的分类数据。读者应该小心,因为损失函数必须是完全可区分的。例如,不能使用 if、then、else。

A.1.5 培训和测试

通常,可以通过调用 compile 方法指定感兴趣的度量标准。例如,可以使用 Adam 优化器编译此模型,学习率为 0.001,最小化二元交叉熵损失并显示准确度。

```
model.compile(Adam(0.001), loss = 'binary_crossentropy',
metrics = 'accuracy')
```

要显示训练模型的所有指标,只需使用以下命令:

```
history = model.fit(X_train,Y_train,epochs = 50)
print(history.history.keys())
```

A.1.6 回　调

Keras 可以在训练神经网络时注册一组回调。

默认回调跟踪每个时期的培训指标,包括培训和验证数据的损失和准确性。

对 fit()函数的调用返回名为 history 的对象。

度量标准以字典的形式存储在返回的对象的历史记录成员中。

以下是使用检查点保存最佳模型的权重(在文件 weights.hdf5 中)的示例:

```
from keras.callbacks import ModelCheckpoint
checkpointbest  =  ModelCheckpoint(filepath = 'weights.hdf5',
verbose = 1, save_best_only = True)
model.fit(x_train, y_train, epochs = 20, validation_data =
(x_test, y_test), callbacks = [checkpointbest])
```

A.1.7 编译和拟合

模型定义后，就可以进行编译了，只有在这一点上才能有效地生成计算图。编译使用来自 Keras 后端(如 Theano 或 TensorFlow)的数值库。后端系统会自动选择表示训练网络的最佳方式，并预测在硬件上运行，如 CPU 或 GPU 以及单个或多个。读者可以在 CPU 上运行模型，但如果读者处理的是大型图像数据集，则建议使用 GPU，因为它会将训练速度提高一个数量级。

编译需要额外的属性来训练网络，以找到连接神经元的最佳权重集。必须指定用于评估网络的损失函数，用于搜索网络的不同权重的优化程序，以及希望在培训期间收集和报告的任何可选指标。

对于分类，通常使用对数损失，对于二进制分类问题，在 Keras 中将其定义为 binary_crossentropy。为了优化，通常使用梯度下降算法 adam。

```
model.compile(loss = 'binary_crossentropy', optimizer = 'adam',
metrics ['accuracy'])
```

其他常见的优化器包括 Adadelta、SGD 和 Adagrad。

要在数据上训练或拟合模型，可以在模型上调用 fit()函数。训练过程将通过名为 epochs 的数据集进行固定次数的迭代，该数据集通过 epochs 参数指定。还可以使用 batch_size 参数设置在执行网络中的权重更新之前评估的实例数，称为批量大小。

A.2 深度和宽度模型

可以使用线性模型和深度神经网络联合训练宽度和深度模型。宽组件由广义线性模型组成，跨产品交互被建模为具有嵌入层的神经网络(见图 A-1)。

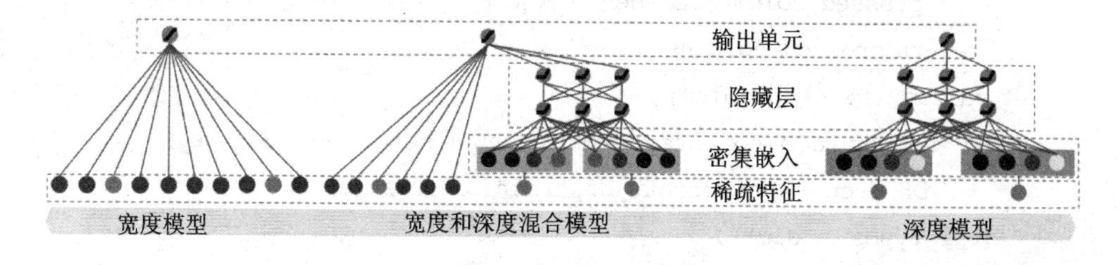

图 A-1 广泛即深入的神经网络模型

Python 2.7 中的以下代码是最初在 TensorFlow 中呈现的代码的 Keras 实现。要运行它，需要从 http://mlr. cs. umass. edu/ml/machine-learning-databases/adult/adult.

data 下载成人数据集。它由 Javier Zaurin(哈维尔·扎林)(https://github.com/jrzaurin/Wide-and-Deep-Keras)提供。

首先,将执行导入并定义一些稍后要使用的函数。

```
# to run : python wide_and_deep.py - method method
# example: python wide_and_deep.py - method deep
import numpy as np
import pandas as pd
import argparse
from sklearn.preprocessing import StandardScaler
from copy import copy
from keras.models import Sequential
from keras.layers import Dense
from keras.optimizers import Adam
from keras.layers import Input, concatenate, Embedding,
Reshape, Merge, Flatten, merge, Lambda
from keras.layers.normalization import BatchNormalization
from keras.models import Model
from keras.regularizers import l2, l1_l2
def cross_columns(x_cols):
    """simple helper to build the crossed columns in a pandas
    dataframe
    """
    crossed_columns = dict()
    colnames = ['_'.join(x_c) for x_c in x_cols]
    for cname,x_c in zip(colnames,x_cols):
        crossed_columns[cname] = x_c
    return crossed_columns
def val2idx(DF_deep,cols):
    """helper to index categorical columns before embeddings.
    """ DF_deep = pd.concat([df_train, df_test])
    val_types = dict()
    for c in cols:
        val_types[c] = DF_deep[c].unique()
    val_to_idx = dict()
    for k, v in val_types.iteritems():
```

```
            val_to_idx[k] = o: i for i, o in enumerate(val_
            types[k])
        for k, v in val_to_idx.iteritems():
            DF_deep[k] = DF_deep[k].apply(lambda x: v[x])
        unique_vals = dict()
        for c in cols:
            unique_vals[c] = DF_deep[c].nunique()
        return DF_deep,unique_vals
    def embedding_input(name, n_in, n_out, reg):
        inp = Input(shape=(1,), dtype='int64', name=name)
        return inp, Embedding(n_in, n_out, input_length=1,
            embeddings_regularizer=l2(reg))(inp)
    def continous_input(name):
        inp = Input(shape=(1,), dtype='float32', name=name)
        return inp, Reshape((1, 1))(inp)
```

然后定义宽模型。

```
    def wide():
        target = 'cr'
        wide_cols = ["gender", "xyz_campaign_id", "fb_campaign_id",
        "age", "interest"]
        x_cols = (['gender', 'age'],['age', 'interest'])
        DF_wide = pd.concat([df_train,df_test])
    # my understanding on how to replicate what layers.crossed_ column
does One
    # can read here: https://www.tensorflow.org/tutorials/linear.
    crossed_columns_d = cross_columns(x_cols)
    categorical_columns =
        list(DF_wide.select_dtypes(include=['object']).columns)
    wide_columns = wide_cols + crossed_columns_d.keys()
    for k, v in crossed_columns_d.iteritems():
        DF_wide[k] = DF_wide[v].apply(lambda x: '-'.join(x),
        axis=1)
    DF_wide = DF_wide[wide_columns + [target] + ['IS_TRAIN']]
    dummy_cols = [
        c for c in wide_columns if c in categorical_columns +
            crossed_columns_d.keys()]
```

```
DF_wide = pd.get_dummies(DF_wide, columns = [x for x in
dummy_cols])
train = DF_wide[DF_wide.IS_TRAIN == 1].drop('IS_TRAIN', axis = 1)
test = DF_wide[DF_wide.IS_TRAIN == 0].drop('IS_TRAIN', axis = 1)
# sanity check: make sure all columns are in the same order
cols = ['cr'] + [c for c in train.columns if c != 'cr']
train = train[cols]
test = test[cols]
X_train = train.values[:, 1:]
Y_train = train.values[:, 0]
X_test = test.values[:, 1:]
Y_test = test.values[:, 0]
  # WIDE MODEL
    wide_inp = Input(shape = (X_train.shape[1],),
    dtype = 'float32', name = 'wide_inp')
    w = Dense(1, activation = "sigmoid", name = "wide_model")
    (wide_inp)
    wide = Model(wide_inp, w)
    wide.compile(Adam(0.01), loss = 'mse', metrics = ['accuracy'])
    wide.fit(X_train,Y_train,nb_epoch = 10,batch_size = 64)
    results = wide.evaluate(X_test,Y_test)
    print " Results with wide model:
```

然后定义宽模型。

```
def deep():
DF_deep = pd.concat([df_train,df_test])
target = 'cr'
embedding_cols = ["gender", "xyz_campaign_id", "fb_campaign_id", "age", "
interest"]
deep_cols = embedding_cols + ['cpc','cpco','cpcoa']
DF_deep,unique_vals = val2idx(DF_deep, embedding_cols)
train = DF_deep[DF_deep.IS_TRAIN == 1].drop('IS_TRAIN', axis = 1)
test = DF_deep[DF_deep.IS_TRAIN == 0].drop('IS_TRAIN', axis = 1)
n_factors = 5
gender, gd = embedding_input('gender_in', unique_vals[
                             'gender'], n_factors, 1e - 3)
```

```
xyz_campaign, xyz = embedding_input('xyz_campaign_id_in',
unique_vals[
                                   'xyz_campaign_id'], n_
                                   factors, 1e-3)
fb_campaign_id, fb = embedding_input('fb_campaign_id_in',
unique_vals[
                                    'fb_campaign_id'], n_
                                    factors, 1e-3)
age, ag = embedding_input('age_in', unique_vals[
                              'age'], n_factors, 1e-3)
interest, it = embedding_input('interest_in', unique_vals[
                                  'interest'], n_factors,
                                  1e-3)
# adding numerical columns to the deep model
cpco, cp = continous_input('cpco_in')
cpcoa, cpa = continous_input('cpcoa_in')
X_train = [train[c] for c in deep_cols]
Y_train = train[target]
X_test = [test[c] for c in deep_cols]
Y_test = test[target]
# DEEP MODEL: input same order than in deep_cols:
d = merge([gd, re, xyz, fb, ag, it], mode='concat')
d = Flatten()(d)
# layer to normalise continous columns with the embeddings
d = BatchNormalization()(d)
d = Dense(100, activation='relu',
    kernel_regularizer=l1_l2(l1=0.01, l2=0.01))(d)
d = Dense(50, activation='relu',name='deep_inp')(d)
d = Dense(1, activation="sigmoid")(d)
deep = Model([gender, xyz_campaign, fb_campaign_id, age,
interest,
          cpco, cpcoa], d)
   deep.compile(Adam(0.001), loss='mse', metrics=['accuracy'])
   deep.fit(X_train,Y_train, batch_size=64, nb_epoch=10)
   results = deep.evaluate(X_test,Y_test)
   print " Results with deep model:
```

然后使用一些交叉表格组成宽而深的模型。

```
def wide_deep():
    target = 'cr'
    wide_cols = ["gender", "xyz_campaign_id", "fb_campaign_id",
    "age", "interest"]
    x_cols = (['gender', 'xyz_campaign'],['age', 'interest'])
    DF_wide = pd.concat([df_train,df_test])
    crossed_columns_d = cross_columns(x_cols)
    categorical_columns =
        list(DF_wide.select_dtypes(include = ['object']).columns)
    wide_columns = wide_cols + crossed_columns_d.keys()
    for k, v in crossed_columns_d.iteritems(): DF_wide[k] =
        DF_wide[v].apply(lambda x: '-'.join(x), axis = 1)
    DF_wide = DF_wide[wide_columns + [target] + ['IS_TRAIN']]
    dummy_cols = [
        c for c in wide_columns if c in categorical_columns +
            crossed_columns_d.keys()]
    DF_wide = pd.get_dummies(DF_wide, columns = [x for x in
    dummy_cols])
train = DF_wide[DF_wide.IS_TRAIN == 1].drop('IS_TRAIN', axis = 1)
test = DF_wide[DF_wide.IS_TRAIN == 0].drop('IS_TRAIN', axis = 1)
# sanity check: make sure all columns are in the same order
cols = ['cr'] + [c for c in train.columns if c ! = 'cr']
train = train[cols]
test = test[cols]
X_train_wide = train.values[:, 1:]
Y_train_wide = train.values[:, 0]
X_test_wide = test.values[:, 1:]
DF_deep = pd.concat([df_train,df_test])
embedding_cols = ['gender', 'xyz _ campaign', 'fb _ campaign _ id', 'age',
'interest']
deep_cols = embedding_cols + ['cpco','cpcoa']
DF_deep,unique_vals = val2idx(DF_deep,embedding_cols)
train = DF_deep[DF_deep.IS_TRAIN == 1].drop('IS_TRAIN', axis = 1)
test = DF_deep[DF_deep.IS_TRAIN == 0].drop('IS_TRAIN', axis = 1)
```

```
n_factors = 5
gender, gd = embedding_input('gender_in', unique_vals[
                                'gender'], n_factors, 1e-3)
xyz_campaign, xyz = embedding_input('xyz_campaign_id_in',
unique_vals[
                                        'xyz_campaign_id'],
                                        n_factors, 1e-3)
fb_campaign_id, fb = embedding_input('fb_campaign_id_in',
unique_vals[
                                        'fb_campaign_id'], n_
                                        factors, 1e-3)
age, ag = embedding_input('age_in', unique_vals[
                             'age'], n_factors, 1e-3)
interest, it = embedding_input('interest_in', unique_vals['interest'], n_
factors, 1e-3)
# adding numerical columns to the deep model
cpco, cp = continous_input('cpco_in')
cpcoa, cpa = continous_input('cpcoa_in')
X_train_deep = [train[c] for c in deep_cols]
Y_train_deep = train[target]
X_test_deep = [test[c] for c in deep_cols]
Y_test_deep = test[target]
X_tr_wd = [X_train_wide] + X_train_deep
Y_tr_wd = Y_train_deep # wide or deep is the same here
X_te_wd = [X_test_wide] + X_test_deep
Y_te_wd = Y_test_deep # wide or deep is the same here
#WIDE
wide_inp = Input(shape=(X_train_wide.shape[1],),
dtype='float32',
    name='wide_inp')
#DEEP
deep_inp = merge([ge, xyz, ag, fb, it, cp, cpa],
mode='concat')
deep_inp = Flatten()(deep_inp)
# layer to normalise continous columns with the embeddings
deep_inp = BatchNormalization()(deep_inp)
```

```
deep_inp = Dense(100, activation = 'relu',
        kernel_regularizer = l1_l2(l1 = 0.01, l2 = 0.01))
        (deep_inp)
deep_inp = Dense(50, activation = 'relu',name = 'deep_inp')
(deep_inp)
 #WIDE + DEEP
wide_deep_inp = concatenate([wide_inp, deep_inp])
wide_deep_out = Dense(1, activation = 'sigmoid',
    name = 'wide_deep_out')(wide_deep_inp)
wide_deep = Model(inputs = [wide_inp, gender, age, xyz_
campaign,
                          fb_campaign_id,cpco, cpcoa],
                              outputs = wide_deep_out)
wide_deep.compile(optimizer = Adam(lr = 0.001),loss = 'mse',
    metrics = ['accuracy'])
wide_deep.fit(X_tr_wd, Y_tr_wd, nb_epoch = 50, batch_size = 80)
# wide_deep.optimizer.lr = 0.001
# wide_deep.fit(X_tr_wd, Y_tr_wd, nb_epoch = 5, batch_
size = 64)
results = wide_deep.evaluate(X_te_wd, Y_te_wd)
print " Results with wide and deep model:
```

主模块最终组装完毕。

```
if __name__ == '__main__':
    ap = argparse.ArgumentParser()
    ap.add_argument("- method", type = str, default = "wide_deep",
        help = "fitting method")
    args = vars(ap.parse_args())
    method = args["method"]
    df_train = pd.read_csv("train.csv")
    df_test = pd.read_csv("test.csv")
    df_train['IS_TRAIN'] = 1
    df_test['IS_TRAIN'] = 0
if method == 'wide':
        wide()
    elif method == 'deep':
```

```
        deep()
    else:
        wide_deep()
```

A.3 用于图像分割的 FCN

本节将提供使用完全卷积网络进行图像分割的代码。

首先进行一些导入并设置一些函数,如下所示:

```
import glob
import os
from PIL import Image
import numpy as np
from keras.layers import Input, Convolution2D, MaxPooling2D,
UpSampling2D, Dropout
from keras.models import Model
from keras import backend as K
from keras.callbacks import ModelCheckpoint
smooth = 1.
# define a weighted binary cross entropy function
def binary_crossentropy_2d_w(alpha):
    def loss(y_true, y_pred):
        bce = K.binary_crossentropy(y_pred, y_true)
        bce *= 1 + alpha * y_true
        bce /= alpha
        return K.mean(K.batch_flatten(bce), axis=-1)
    return loss
# define dice score to assess predictions
def dice_coef(y_true, y_pred):
    y_true_f = K.flatten(y_true)
    y_pred_f = K.flatten(y_pred)
    intersection = K.sum(y_true_f * y_pred_f)
    return (2. * intersection + smooth) / (K.sum(y_true_f) +
        K.sum(y_pred_f) + smooth)
def dice_coef_loss(y_true, y_pred):
    return 1 - dice_coef(y_true, y_pred)
```

然后加载数据和相应的掩码。如果使用 TensorFlow 作为后端,则可以跳过转置(因为它假定图像指定为宽度×高度×通道)。低分辨率图像为 640×480×3。

```
def load_data(dir, boundary = False):
    X = []
    y = []
    # load images
    for f in sorted(glob.glob(dir + '/image??.png')):
        img = np.array(Image.open(f).convert('RGB'))
        X.append(img)
    # load masks
    for i, f in enumerate(sorted(glob.glob(dir + '/image??_
    mask.txt'))):
        if boundary:
            a = get_boundary_mask(f)
            y.append(np.expand_dims(a, axis = 0))
        else:
            content = open(f).read().split('')[1: - 1]
            a = np.array(content, 'i').reshape(X[i].shape[:2])
            a = np.clip(a, 0, 1).astype('uint8')
            y.append(np.expand_dims(a, axis = 0))
    # stack data
    X = np.array(X) / 255.
    y = np.array(y)
    X = np.transpose(X, (0, 3, 1, 2))
    return X, y
```

然后定义用于训练的网络。从 8 个过滤器开始,每次进行最大池化时,它会加倍:16,32,依此类推。

```
# define the network model
def net_2_outputs(input_shape):
    input_img = Input(input_shape, name = 'input')
    x = Convolution2D(8, 3, 3, activation = 'relu',
       border_mode = 'same')(input_img)
    x = Convolution2D(8, 3, 3, activation = 'relu', border_
       mode = 'same')(x)
    x = Convolution2D(8, 3, 3, subsample = (1, 1),
```

```
        activation = 'relu', border_mode = 'same')(x)
    x = MaxPooling2D((2, 2), border_mode = 'same')(x)
    x = Convolution2D(16, 3, 3, activation = 'relu', border_
        mode = 'same')(x)
    x = Convolution2D(16, 3, 3, activation = 'relu', border_
        mode = 'same')(x)
    x = Convolution2D(16, 3, 3, subsample = (1, 1),
        activation = 'relu',
        border_mode = 'same')(x)
    x = MaxPooling2D((2, 2), border_mode = 'same')(x)
    x = Convolution2D(32, 3, 3, activation = 'relu', border_
        mode = 'same')(x)
    x = Convolution2D(32, 3, 3, activation = 'relu', border_
        mode = 'same')(x)
    x = Convolution2D(32, 3, 3, activation = 'relu', border_
        mode = 'same')(x)
    # up
    x = UpSampling2D((2, 2))(x)
    x = Convolution2D(16, 3, 3, activation = 'relu', border_
        mode = 'same')(x)
    x = UpSampling2D((2, 2))(x)
    x = Convolution2D(8, 3, 3, activation = 'relu', border_
        mode = 'same')(x)
    output = Convolution2D(1, 3, 3, activation = 'sigmoid',
        border_mode = 'same', name = 'output')(x)
    model = Model(input_img, output = [output])
    model.compile(optimizer = 'adam', loss = 'output':
        binary_crossentropy_2d_w(5))
return model
```

接下来,将训练模型。

```
def train():
    X, y = load_data(DATA_DIR_TRAIN.replace('c_type', c_type),
        boundary = False) # load the data
    print(X.shape, y.shape) # make sure it's the right shape
    h = X.shape[2]
```

```
        w = X.shape[3]
        training_data = ShuffleBatchGenerator(input_data='input': X,
            output_data='output': y, 'output_b': y_b) # generate
            batches for
            training and testing
        training_data_aug = DataAugmentation(training_data,
            inplace_transfo=['mirror', 'transpose']) # apply some data aug-
mentation
        net = net_2_outputs((X.shape[1], h, w))
        net.summary()
        model = net
        model.fit(training_data_aug, 300, 1, callbacks=[ProgressBar
        Callback()])
        net.save('model.hdf5' )
        # save predictions to disk
        res = model.predict(training_data, training_data.nb_
        elements)
        if not os.path.isdir('res'):
            os.makedirs('res')
        for i, img in enumerate(res[0]):
            Image.fromarray(np.squeeze(img) *
                255).convert('RGB').save('res/
        for i, img in enumerate(res[1]):
            Image.fromarray(np.squeeze(img) *
                255).convert('RGB').save('res/
    if __name__=='__main__':
        train()
```

A.3.1 序列到序列

序列到序列模型(seq2seq)将一个序列从一个域(例如,英语中的句子)转换为另一个域中的序列(例如,翻译为法语中的相同句子),或将过去的观察结果转换为未来的观察结果序列(预测)。

当两个序列长度相同时,一个简单的 Keras LSTM 就足够了。在需要整个输入序列的任意长度的一般情况下,RNN 层将充当编码器。它将输入序列投影到自己的内部状态（上下文），并将另一个 RNN 层训练为解码器，以预测目标序列的下一个元素。编码器使用来自编码器的矢量作为初始状态。解码器学习根据输入序列生成目标[$t+1\cdots$]给定目标[$\cdots t$]。下面的例子是由 F. Chollet 创建的，可以在下面的网站在线查看：https://blog. keras. io/a-ten-minute-introduction-to-sequence-to-sequence-learning-in-keras. html。

```
from keras.models import Model
from keras.layers import Input, LSTM, Dense

encoder_inputs = Input(shape=(None, num_encoder_tokens))
encoder = LSTM(latent_dim, return_state=True)
encoder_outputs, state_h, state_c = encoder(encoder_inputs)
# We discard 'encoder_outputs' and only keep the states.
encoder_states = [state_h, state_c]

# Set up the decoder, using 'encoder_states' as initial state.
decoder_inputs = Input(shape=(None, num_decoder_tokens))
# We set up our decoder to return full output sequences,
# and to return internal states as well. We don't use the
# return states in the training model, but we will use them in
inference.
decoder_lstm = LSTM(latent_dim, return_sequences=True, return_
state=True)
decoder_outputs, _, _ = decoder_lstm(decoder_inputs,
                                     initial_state=encoder_states)
decoder_dense = Dense(num_decoder_tokens, activation='softmax')
decoder_outputs = decoder_dense(decoder_outputs)
# Define the model that will turn
# 'encoder_input_data' 'decoder_input_data' into 'decoder_
target_data'
model = Model([encoder_inputs, decoder_inputs], decoder_outputs)
# Run training
model.compile(optimizer='rmsprop', loss='categorical_
crossentropy')
model.fit([encoder_input_data, decoder_input_data], decoder_
target_data,
         batch_size=batch_size,
```

```
        epochs = epochs,
        validation_split = 0.2)
encoder_model = Model(encoder_inputs, encoder_states)
decoder_state_input_h = Input(shape = (latent_dim,))
decoder_state_input_c = Input(shape = (latent_dim,))
decoder_states_inputs = [decoder_state_input_h, decoder_state_
input_c]
decoder_outputs, state_h, state_c = decoder_lstm(
    decoder_inputs, initial_state = decoder_states_inputs)
decoder_states = [state_h, state_c]
decoder_outputs = decoder_dense(decoder_outputs)
decoder_model = Model(
    [decoder_inputs] + decoder_states_inputs,
    [decoder_outputs] + decoder_states)
def decode_sequence(input_seq):
    # Encode the input as state vectors.
    states_value = encoder_model.predict(input_seq)

    # Generate empty target sequence of length 1.
    target_seq = np.zeros((1, 1, num_decoder_tokens))
    # Populate the first character of target sequence with the
    start character.
    target_seq[0, 0, target_token_index['']] = 1.
    # Sampling loop for a batch of sequences
    # (to simplify, here we assume a batch of size 1).
stop_condition = False
decoded_sentence = ''
while not stop_condition:
    output_tokens, h, c = decoder_model.predict(
        [target_seq] + states_value)
    # Sample a token
    sampled_token_index = np.argmax(output_tokens[0, -1, :])
    sampled_char = reverse_target_char_index[sampled_token_
    index]
    decoded_sentence += sampled_char
```

```
        # Exit condition: either hit max length
        # or find stop character.
        if (sampled_char == '' or
            len(decoded_sentence) > max_decoder_seq_length):
            stop_condition = True

        # Update the target sequence (of length 1).
        target_seq = np.zeros((1, 1, num_decoder_tokens))
        target_seq[0, 0, sampled_token_index] = 1.

        # Update states
        states_value = [h, c]
    return decoded_sentence
```

A.4 多层感知器的反向传播

在本节中,我们将考虑一个相当普遍的神经网络,包含 L 层(当然不计算输入层)。我们考虑一下任意层,比如 l,它具有 N_l 个神经元,$X_1^{(l)}, X_2^{(l)}, \cdots, X_{N_1}^{(l)}$,每个都具有传递函数 $f^{(l)}$。请注意,传递函数可能因层而异。如在扩展的 Delta 规则中,传递函数可以由任何可微函数给出,但不需要是线性的。这些神经元接收来自前一层神经元的信号,$l-1$。例如,神经元 $X_j^{(l)}$ 从 $X_i^{(l-1)}$ 接收信号,其权重因子为 $w_{ij}^{(l)}$。因此,有一个 N_{l-1} 乘 N_l 的权重矩阵 $\boldsymbol{W}^{(l)}$,其元素由 $W_{ij}^{(l)}$ 给出,$i=1,2,\cdots,N_{l-1}$ 和 $j=1,2,\cdots,N_l$。神经元 $X_j^{(l)}$ 也具有由 $b_j^{(l)}$ 给出的偏差,并且其激活是 $a_j^{(l)}$。

为简化表示法,将使用 $n_j^{(l)}(=y_{\text{in},j})$ 表示净输入神经元 $X_j^{(l)}$,如下:

$$n_j^{(l)} = \sum_{i=1}^{N_{l-1}} a_i^{(l-1)} w_{ij}^{(l)} + b_j^{(l)}, \quad j=1,2,\cdots,N_l$$

因此,神经元 $X_j^{(l)}$ 的激活如下:

$$a_j^{(l)} = f^{(l)}(n_j^{(l)}) = f^{(l)}\left(\sum_{i=1}^{N_{l-1}} a_i^{(l-1)} w_{ij}^{(l)} + b_j^{(l)}\right)$$

可以将第 0 层视为输入图层。如果输入向量 $\boldsymbol{x}$ 具有 N 个分量,则 $N_0=N$,并且输入层中的神经元激活 $a_i^{(0)}=x_i, i=1,2,\cdots,N_0$。

网络层 L 是输出层。假设输出向量 $\boldsymbol{y}$ 具有 M 个分量,则必须具有 $N_L=M$。这些分量由 $y_j=a_j^{(L)}, j=1,2,\cdots,M$ 给出。

对于任何给定的输入向量,先前的等式可用于找到任何给定的权重和偏差集合的每个神经元的激活。特别地,可以找到网络输出向量 $\boldsymbol{y}$。剩下的问题是如何训练网络以找到一组权重和偏差来执行某项任务。

现在将考虑使用 BP 算法训练相当普遍的多层感知器以进行模式关联。训练是在监督下进行的，因此可以假设给出了一组模式对（或关联），如 $\boldsymbol{s}^{(q)}:\boldsymbol{t}^{(q)}$，$q=1,2,\cdots,Q$ 训练向量 $\boldsymbol{s}^{(q)}$ 有 N 个分量，如下：

$$\boldsymbol{s}^{(q)}=\begin{bmatrix}s_1^{(q)} & s_2^{(q)} & \cdots & s_N^{(q)}\end{bmatrix}$$

它们的目标 $\boldsymbol{t}^{(q)}$ 有 M 个组件，如下：

$$\boldsymbol{t}^{(q)}=\begin{bmatrix}t_1^{(q)} & t_2^{(q)} & \cdots & t_M^{(q)}\end{bmatrix}$$

就像在 Delta 规则中一样，训练向量在训练期间一次一个地呈现给网络。假设在训练过程的时间步骤 t 中，将特定 q 的训练矢量 $\boldsymbol{s}^{(q)}$ 作为输入 $\boldsymbol{x}(t)$ 呈现给网络。输入信号可以使用前一部分中的等式和当前的权重和偏差集合通过网络向前传播，以获得相应的网络输出 $\boldsymbol{y}(t)$。然后使用最速下降算法调整权重和偏差，以最小化该训练向量的误差平方：

$$E=\|\boldsymbol{y}(t)-\boldsymbol{t}(t)\|^2$$

式中：$\boldsymbol{t}(t)=\boldsymbol{t}^{(q)}$ 是所选训练矢量 $\boldsymbol{s}^{(q)}$ 的对应目标矢量。

该平方误差 E 是整个网络的所有权重和偏差的函数，因为 $y(t)$ 取决于它们。需要根据最速下降算法找到它们的更新规则集。

$$w_{ij}^{(l)}(t+1)=w_{ij}^{(l)}(t)-\alpha\frac{\partial E}{\partial w_{ij}^{(l)}(t)}$$

$$b_j^{(l)}(t+1)=b_j^{(l)}(t)-\alpha\frac{\partial E}{\partial b_j^{(l)}(t)}$$

式中：$\alpha(>0)$ 是学习率。

要计算这些偏导数，需要了解 E 如何依赖于权重和偏差。首先，E 明确地依赖于网络输出 $\boldsymbol{y}(t)$（最后一层的激活，$\boldsymbol{\alpha}^{(L)}$），然后取决于进入第 L 层的净输入 $\boldsymbol{n}^{(L)}$。反过来，$\boldsymbol{n}^{(L)}$ 由前一层的激活和层 L 的权重和偏差给出。显式关系如下（为简洁起见，省略对步骤 t 的依赖）：

$$\begin{aligned}E&=\|\boldsymbol{y}-\boldsymbol{t}(t)\|^2=\|\boldsymbol{a}^{(L)}-\boldsymbol{t}(t)\|^2=\|f^{(L)}(\boldsymbol{n}^{(L)})-\boldsymbol{t}(t)\|^2\\&=\left\|f^{(L)}\left(\sum_{i=1}^{N_{L-1}}a_i^{(L-1)}w_{ij}^{(L)}+b_j^{(L)}\right)-\boldsymbol{t}(t)\right\|^2\end{aligned}$$

然后使用用于区分的链规则容易地计算关于 $\boldsymbol{W}^{(L)}$ 和 $\boldsymbol{b}^{(L)}$ 的元素的 E 的偏导数。

$$\frac{\partial E}{\partial w_{ij}^{(L)}}=\sum_{n=1}^{N_L}\frac{\partial E}{\partial n_n^{(L)}}\frac{\partial n_n^{(L)}}{\partial w_{ij}^{(L)}}$$

注意：前一个等式中需要总和才能正确应用链规则。现在，可以为一般图层 l 定义灵敏度向量以包含组件。

$$s_n^{(l)}=\frac{\partial E}{\partial n_n^{(l)}}, \quad n=1,2,\cdots,N_l$$

式中：$s_n^{(l)}$ 被称为神经元 $X_n^{(l)}$ 的灵敏度，因为它给出了它接收的净输入中每单位变化的输出误差 E 的变化。

对于层 L，可以使用链规则直接计算灵敏度向量以获得此灵敏度向量。

$$s_n^{(L)}=2[a_n^{(L)}-t_n(t)]\dot{f}^{(L)}(n_n^{(L)}), \quad n=1,2,\cdots,N_L$$

式中：$\dot{f}$ 表示传递函数 f 的导数。读者还可知道以下内容：

$$\frac{\partial n_n^{(L)}}{\partial w_{ij}^{(L)}}=\frac{\partial}{\partial w_{ij}^{(L)}}\left(\sum_{m=1}^{N_{L-1}}a_m^{(L-1)}w_{mn}^{(L)}+b_n^{(L)}\right)=\delta_{nj}a_i^{(L-1)}$$

因此，有：

$$\frac{\partial E}{\partial w_{ij}^{(L)}}=a_i^{(L-1)}s_j^{(L)}$$

同样，有：

$$\frac{\partial E}{\partial b_j^{(L)}}=\sum_{n=1}^{N_L}\frac{\partial E}{\partial n_n^{(L)}}\frac{\partial n_n^{(L)}}{\partial b_j^{(L)}}$$

另外，因为有：

$$\frac{\partial n_n^{(L)}}{\partial b_j^{(L)}}=\delta_{nj}$$

所以可得到以下内容：

$$\frac{\partial E}{\partial b_j^{(L)}}=s_j^{(L)}$$

对于一般层 l，可以这样写：

$$\frac{\partial E}{\partial w_{ij}^{(l)}}=\sum_{n=1}^{N_l}\frac{\partial E}{\partial n_n^{(l)}}\frac{\partial n_n^{(l)}}{\partial w_{ij}^{(l)}}=\sum_{n=1}^{N_l}s_n^{(l)}\frac{\partial n_n^{(l)}}{\partial w_{ij}^{(l)}}$$

$$\frac{\partial E}{\partial b_j^{(l)}}=\sum_{n=1}^{N_l}\frac{\partial E}{\partial n_n^{(l)}}\frac{\partial n_n^{(l)}}{\partial b_j^{(l)}}=\sum_{n=1}^{N_l}s_n^{(l)}\frac{\partial n_n^{(l)}}{\partial b_j^{(l)}}$$

因为有：

$$n_n^{(l)}=\sum_{m=1}^{N_{l-1}}a_m^{(l-1)}w_{mn}^{(l)}+b_n^{(l)}, \quad j=1,2,\cdots,N_l$$

所以有以下两点：

$$\frac{\partial n_n^{(l)}}{\partial w_{ij}^{(l)}}=\delta_{nj}a_i^{(l-1)}$$

$$\frac{\partial n_n^{(l)}}{\partial b_j^{(l)}}=\delta_{nj}$$

最后是以下内容：

$$\frac{\partial E}{\partial w_{ij}^{(l)}}=a_i^{(l-1)}s_j^{(l)},\quad \frac{\partial E}{\partial b_j^{(l)}}=s_j^{(l)}$$

因此，权重和偏差的更新规则如下（现在将步骤索引 t 的依赖性放回）：

$$w_{ij}^{(l)}(t+1)=w_{ij}^{(l)}(t)-\alpha a_i^{(l-1)}(t)s_j^{(l)}(t)$$

$$b_j^{(l)}(t+1)=b_j^{(l)}(t)-\alpha s_j^{(l)}(t)$$

要使用这些更新规则，需要能够计算 $l=1,2,\cdots,L-1$ 的灵敏度向量 $\boldsymbol{s}^{(l)}$。根据他们的定义，有：

$$s_j^{(l)}=\frac{\partial E}{\partial n_j^{(l)}},\quad j=1,2,\cdots,N_l$$

需要知道 E 如何依赖于 $n_j^{(l)}$。计算这些偏导数的关键是要注意对于 $i=1,2,\cdots,N_{l-1}$，$n_j^{(l)}$ 依赖于 $n_i^{(l-1)}$，因为第 l 层的净输入取决于激活前一层 $l-1$，这又取决于层 $l-1$ 的净输入。具体来说，有 $j=1,2,\cdots,N_l$：

$$n_j^{(l)}=\sum_{i=1}^{N_{l-1}}a_i^{(l-1)}w_{ij}^{(l)}+b_j^{(l)}=\sum_{i=1}^{N_{l-1}}f^{(l-1)}(n_i^{(l-1)})w_{ij}^{(l)}+b_j^{(l)}$$

因此，对于层 $l-1$ 的灵敏度，有：

$$\begin{aligned}
s_j^{(l-1)}&=\frac{\partial E}{\partial n_j^{(l-1)}}=\sum_{i=1}^{N_l}\frac{\partial E}{\partial n_i^{(l)}}\frac{\partial n_i^{(l)}}{\partial n_j^{(l-1)}}\\
&=\sum_{i=1}^{N_l}s_i^{(l)}\frac{\partial}{\partial n_j^{(l-1)}}\left[\sum_{m=1}^{N_{(l-1)}}f^{(l-1)}(n_m^{l-1})w_{mi}^{(l)}+b_j^{(l)}\right]\\
&=\sum_{i=1}^{N_l}s_i^{(l)}\dot{f}^{(l-1)}(n_j^{(l-1)})w_{ji}^{(l)}=\dot{f}^{(l-1)}(n_j^{(l-1)})\sum_{i=1}^{N_l}w_{ji}^{(l)}s_i^{(l)}
\end{aligned}$$

因此，层 $l-1$ 中神经元的灵敏度取决于层 l 中所有神经元的灵敏度。这是网络灵敏度的递归关系，因为最后一层 L 的灵敏度是已知的。要查找任何给定图层的激活或净输入，需要从网络左侧输入并继续前进到相关图层。但是，要找到任何给定图层的灵敏度，需要从最后一层开始并使用递归关系向后返回给定图层。这就是训练算法被称为反向传播的原因。

要计算权重和偏差的更新，需要找到所有图层的激活和敏感度。要获得灵敏度，还需要 $\dot{f}^{(l)}(n_j^{(l)})$。这意味着通常需要跟踪所有的 $n_j^{(l)}$。

在使用反向传播算法训练的神经网络中，通常使用两种函数作为传递函数。一个是 log-sigmoid 函数，如下：

$$f_{\text{logsig}}(x)=\frac{1}{1+\mathrm{e}^{-x}}$$

这是可微分的，并且其值在 0 和 1 之间平滑且单调地为 x 约为 0；另一个是双曲正切 sigmoid 函数，如下：

$$f_{\text{tansig}}(x)=\frac{1-\mathrm{e}^{-x}}{1+\mathrm{e}^{-x}}=\tanh(x/2)$$

这也是可微分的，但是对于 x 大约为 0，它的值在 -1 和 1 之间平滑。很容易看出这些函数的第一个导数是仅根据相同的函数给出的。

$$\dot{f}_{\text{logsig}}(x)=f_{\text{logsig}}(x)\left[1-f_{\text{logsig}}(x)\right]$$

$$\dot{f}_{\text{tansig}}(x)=\frac{1}{2}\left[1+f_{\text{tansig}}(x)\right]\left[1-f_{\text{tansig}}(x)\right]$$

因为 $f^{(l)}(n_j^{(l)})=a_j^{(l)}$，在计算机上实现神经网络时，实际上根本不需要跟踪 $n_j^{(l)}$（从而节省了内存）。

参考文献

[AAB+15] Dario Amodei, Rishita Anubhai, Eric Battenberg, Carl Case, Jared Casper, Bryan Catanzaro, Jingdong Chen, Mike Chrzanowski, Adam Coates, Greg Diamos, Erich Elsen, Jesse Engel, Linxi Fan, Christopher Fougner, Tony Han, Awni Y. Hannun, Billy Jun, Patrick LeGresley, Libby Lin, Sharan Narang, Andrew Y. Ng, Sherjil Ozair, Ryan Prenger, Jonathan Raiman, Sanjeev Satheesh, David Seetapun, Shubho Sengupta, Yi Wang, Zhiqian Wang, Chong Wang, Bo Xiao, Dani Yogatama, Jun Zhan, and Zhenyao Zhu. Deep speech 2: End-to-end speech recognition in english and mandarin. CoRR, abs/1512.02595, 2015.

[AAL+15] Stanislaw Antol, Aishwarya Agrawal, Jiasen Lu, Margaret Mitchell, Dhruv Batra, C. Lawrence Zitnick, and Devi Parikh. VQA: Visual Question Answering. In International Conference on Computer Vision (ICCV), 2015.

[AG13] G. Hinton A. Graves, A. Mohamed. Speech recognition with deep recurrent neural networks. Arxiv, 2013.

[AHS85] David H. Ackley, Geoffrey E. Hinton, and Terrence J. Sejnowski. A learning algorithm for boltzmann machines. Cognitive Science, 9(1):147 - 169, 1985.

[AIG12] Krizhevsky A., Sutskever I., and Hinton G. Imagenet classification with deep convolutional neural networks. Advances in Neural Information Processing Systems. Curran Associates, 25: 1106-1114, 2012. http://papers.nips.cc/paper/4824-imagenet-classification-with-deep-convolutional-neural-networks.pdf.

[AM15] E. Asgari, M. R. Mofrad. Continuous Distributed Representation of Biological Sequences for Deep Proteomics and Genomics. PloS one, 10(11): e0141287, 2015.

[AOS+16] Dario Amodei, Chris Olah, Jacob Steinhardt, Paul Christiano, John Schulman, and Dan Mané. Concrete problems in AI safety. CoRR, abs/1606.06565, 2016.

[ARDK16] Jacob Andreas, Marcus Rohrbach, Trevor Darrell, and Dan Klein. Learning to compose neural networks for question answering. CoRR, abs/1601.01705, 2016.

[AV03] N. P. Barradas A. Vieira. A training algorithm for classification of high-dimensional data. Neurocomputing, 50:461-472, 2003.

[AV18] Attul Sehgal Armando Vieira. How banks can better serve their customers through artificial techniques. In Digital Markets Unleashed, page 311. Springer-Verlag, 2018.

[BCB14] Dzmitry Bahdanau, Kyunghyun Cho, and Yoshua Bengio. Neural machine translation by jointly learning to align and translate. CoRR, abs/1409.0473, 2014.

[BLPL06] Yoshua Bengio, Pascal Lamblin, Dan Popovici, and Hugo Larochelle. Greedy layer-wise training of deep networks. In Proceedings of the 19th International Conference on Neural Information Processing Systems, NIPS'06, pages 153-160, Cambridge, MA, USA, 2006. MIT Press.

[BUGD+13] Antoine Bordes, Nicolas Usunier, Alberto Garcia-Duran, Jason Weston, and Oksana Yakhnenko. Translating embeddings for modeling multi-relational data. In C. J. C. Burges, L. Bottou, M. Welling, Z. Ghahramani, and K. Q. Weinberger, editors, Advances in Neural Information Processing Systems 26, pages 2787-2795. Curran Associates, Inc., 2013.

[CBK09] Varun Chandola, Arindam Banerjee, and Vipin Kumar. Anomaly detection: A survey. ACM computing surveys (CSUR), 41(3):15:

1-15:58, 2009.

[CCB15] KyungHyun Cho, Aaron C. Courville, and Yoshua Bengio. Describing multimedia content using attention-based encoder-decoder networks. CoRR, abs/1507.01053, 2015.

[CHY+14] Charles F. Cadieu, Ha Hong, Daniel L. K. Yamins, Nicolas Pinto, Diego Ardila, Ethan A. Solomon, Najib J. Majaj, and James J. DiCarlo. Deep neural networks rival the representation of primate IT cortex for core visual object recognition. PLOS Computational Biology, 10(12):1-18, 12 2014.

[CLN+16] Y. Chen, Y. Li, R. Narayan et al. Gene expression inference with deep learning. Bioinformatics, 2016(btw074).

[DCH+16] Yan Duan, Xi Chen, Rein Houthooft, John Schulman and Pieter Abbeel. Benchmarking Deep Reinforcement Learning for Continuous Control. CoRR, abs/1604.06778, 2016.

[DDT+16] Nan Du, Hanjun Dai, Rakshit Trivedi, Utkarsh Upadhyay, Manuel Gomez-Rodriguez, and Le Song. Recurrent marked temporal point processes: Embedding event history to vector. In Proceedings of the 22Nd ACM SIGKDD International Conference on Knowledge Discovery and Data Mining, KDD'16, pages 1555-1564, New York, NY, USA, 2016. ACM.

[DHG+14] Jeff Donahue, Lisa Anne Hendricks, Sergio Guadarrama, Marcus Rohrbach, Subhashini Venugopalan, Kate Saenko, and Trevor Darrell. Long-term recurrent convolutional networks for visual recognition and description. CoRR, abs/1411.4389, 2014.

[Doe16] Carl Doersch. Tutorial on variational autoencoders. CoRR, 2016.

[E12] Dumbill E. What is big data? an introduction to the big data landscape. In Strata, 2012. Making Data Work. O'Reilly, Santa Clara, CA O'Reilly.

[EBC+10] Dumitru Erhan, Yoshua Bengio, Aaron Courville, Pierre-Antoine Manzagol, Pascal Vincent, and Samy Bengio. Why does unsupervised pre-training help deep learning? J. Mach. Learn. Res., 11: 625-660, March 2010.

[EHW+16] S. M. Ali Eslami, Nicolas Heess, Theophane Weber, Yuval Tassa, Koray Kavukcuoglu, and Geoffrey E. Hinton. Attend, infer, repeat: Fast scene understanding with generative models. CoRR, abs/1603.08575, 2016.

[Elm90] Jeffrey L. Elman. Finding structure in time. Cognitive Science, 14(2):179-211, 1990.

[FF15] Ralph Fehrer and Stefan Feuerriegel. Improving decision analytics with deep learning: The case of financial disclosures. 2015. https://arxiv.org/pdf/1508.01993v1.pdf.

[FG16] Basura Fernando and Stephen Gould. Learning end-to-end video classification with rank-pooling. ICML, 2016. http://jmlr.org/proceedings/papers/v48/fernando16.pdf.

[GBC16] Ian Goodfellow, Yoshua Bengio, and Aaron Courville. Deep Learning. MIT Press, 2016. www.deeplearningbook.org.

[GBWB13] Xavier Glorot, Antoine Bordes, Jason Weston, and Yoshua Bengio. A semantic matching energy function for learning with multi-relational data. CoRR, abs/1301.3485, 2013.

[GEB15] Leon A. Gatys, Alexander S. Ecker, and Matthias Bethge. A neural algorithm of artistic style. CoRR, abs/1508.06576, 2015.

[GLO+16] Yanming Guo, Yu Liu, Ard Oerlemans, Songyang Lao, Song Wu, and Michael S. Lew. Deep learning for visual understanding. Neurocomput., 187(C):27-48, April 2016.

[GMZ+15] Haoyuan Gao, Junhua Mao, Jie Zhou, Zhiheng Huang, Lei Wang, and Wei Xu. Are you talking to a machine? dataset and methods for multilingual image question answering. pages 2296-2304, 2015.

[GPAM+14] Ian Goodfellow, Jean Pouget-Abadie, Mehdi Mirza, Bing Xu, David Warde-Farley, Sherjil Ozair, Aaron Courville, and Yoshua Bengio. Generative adversarial nets. In Z. Ghahramani, M. Welling, C. Cortes, N. D. Lawrence, and K. Q. Weinberger, editors, Advances in Neural Information Processing Systems 27, pages 2672-2680. Curran Associates, Inc., 2014.

[GR06] Hinton GE and Salakhutdinov RR. Reducing the dimensionality of data with neural networks. Science 313(5786): 504-507, 2006.

[GVS+16] Shalini Ghosh, Oriol Vinyals, Brian Strope, Scott Roy, Tom Dean, and Larry Heck. Contextual LSTM (CLSTM) models for large scale NLP tasks. CoRR, abs/1602.06291, 2016.

[HDFN95] G. E. Hinton, P. Dayan, B. J. Frey, and R. M. Neal. The wake-sleep algorithm for unsupervised neural networks. Science, 268: 1158-1161, 1995.

[KZS+15] Ryan Kiros, Yukun Zhu, Ruslan Salakhutdinov, Richard S. Zemel, Antonio Torralba, Raquel Urtasun, and Sanja Fidler. Skip-thought vectors. CoRR, abs/1506.06726, 2015.

[LBD+89] Y. LeCun, B. Boser, J. S. Denker, D. Henderson, R. E. Howard, W. Hubbard, and L. D. Jackel. Backpropagation applied to handwritten zip code recognition. Neural Comput., 1(4):541-551, December 1989.

[LBP+16] B. Lee, J. Baek, S. Park et al. deepTarget: End-to-end Learning Framework for microRNA Target Prediction using Deep Recurrent Neural Networks. arXiv preprint arXiv, 1603.09123, 2016.

[LCWJ15] Mingsheng Long, Yue Cao, Jianmin Wang, and Michael I. Jordan. Learning transferable features with deep adaptation networks. ICML, 2015. http://jmlr.org/proceedings/papers/v37/long15.pdf.

[LFDA16] Sergey Levine, Chelsea Finn, Trevor Darrell, and Pieter Abbeel. End-to-end training of deep visuomotor policies. Journal of Machine Learning Research, 17: 1-40, 2016. https://arxiv.org/abs/1504.00702.

[LM14] Quoc V. Le and Tomas Mikolov. Distributed representations of sentences and documents. CoRR, abs/1405.4053, 2014.

[LST15] Brenden M. Lake, Ruslan Salakhutdinov, and Joshua B. Tenenbaum. Human-level concept learning through probabilistic program induction. Science 350.6266, pages 1332-1338, 2015.

[M13] Grobelnik M. Big data tutorial. European Data Forum, 2013. www.slideshare.net/EUDataForum/edf2013-big-datatutor ialmarkogrobelnik.

[Mac03] D. J. C. MacKay. Information Theory, Inference and Learning Algorithms. Cambridge University Press, 2003.

[MBM+16] Volodymyr Mnih, Adrià Puigdomènech Badia, Mehdi Mirza, Alex Graves, Timothy P. Lillicrap, Tim Harley, David Silver, and Koray Kavukcuoglu. Asynchronous methods for deep reinforcement learning. CoRR, abs/1602.01783, 2016. http://arxiv.org/abs/

1602.01783.

[MKS+15] Volodymyr Mnih, Koray Kavukcuoglu, David Silver, Andrei A. Rusu, Joel Veness, Marc G. Bellemare, Alex Graves, Martin A. Riedmiller, Andreas Fidjeland, Georg Ostrovski, Stig Petersen, Charles Beattie, Amir Sadik, Ioannis Antonoglou, Helen King, Dharshan Kumaran, Daan Wierstra, Shane Legg, and Demis Hassabis. Human-level control through deep reinforcement learning. Nature, 518(7540):529-533, 2015.

[MLS13] Tomas Mikolov, Quoc V. Le, and Ilya Sutskever. Exploiting similarities among languages for machine translation. CoRR, abs/1309.4168, 2013.

[MVPZ16] Polina Mamoshina, Armando Vieira, Evgeny Putin, and Alex Zhavoronkov. Applications of deep learning in biomedicine. Molecular Pharmaceutics, 13(5):1445-1454, 2016.

[MXY+14] Junhua Mao, Wei Xu, Yi Yang, Jiang Wang, and Alan L. Yuille. Explain images with multimodal recurrent neural networks. CoRR, abs/1410.1090, 2014.

[MZMG15] Ishan Misra, C. Lawrence Zitnick, Margaret Mitchell, and Ross B. Girshick. Learning visual classifiers using human-centric annotations. CoRR, abs/1512.06974, 2015.

[NSH15] Hyeonwoo Noh, Paul Hongsuck Seo, and Bohyung Han. Image question answering using convolutional neural network with dynamic parameter prediction. CoRR, abs/1511.05756, 2015.

[O'N03] Cathy O'Neil. Weapons of Math Destruction. Penguin, 2003.

[PBvdP16] Xue Bin Peng, Glen Berseth, and Michiel van de Panne. Terrain-adaptive locomotion skills using deep reinforcement learning. ACM Trans. Graph., 35(4):81:1-81:12, July 2016.

[RG09] Salakhutdinov R and Hinton GE. Deep Boltzmann Machines. JMLR, 2009.

[RMC15] Alec Radford, Luke Metz, and Soumith Chintala. Unsupervised representation learning with deep convolutional generative adversarial networks. CoRR, abs/1511.06434, 2015. http://arxiv.org/abs/1511.06434.

[SA08] Saratha Sathasivam and Wan Ahmad Tajuddin Wan Abdullah. Logic learning in hopfield networks. CoRR, abs/0804.4075, 2008.

[SGS15] Rupesh Kumar Srivastava, Klaus Greff, and Jürgen Schmidhuber. Highway networks. CoRR, abs/1505.00387, 2015.

[SHM+16] David Silver, Aja Huang, Christopher J. Maddison, Arthur Guez, Laurent Sifre, George van den Driessche, Julian Schrittwieser, Ioannis Antonoglou, Veda Panneershelvam, Marc Lanctot, Sander Dieleman anc Dominik Grewe anc John Nham, Nal Kalchbrenner, Ilya Sutskever, Timothy Lillicrap, Madeleine Leach, Koray Kavukcuoglu, Thore Graepel, and Demis Hassabis. Mastering the game of go with deep neural networks and tree search. Nature, 529: 484-503, 2016.

[SKM84] R. Snow, P. Kyllonen, and B. Marshalek. The topography of ability and learning correlations. In Advances in the Psychology of Human Intelligence, pages 47-103, June 1984.

[SMB10] Dominik Scherer, Andreas Müller, and Sven Behnke. Evaluation of pooling operations in convolutional architectures for object recognition. In Proceedings of the 20th International Conference on Artificial Neural Networks: Part III, ICANN'10, pages 92-101, Berlin, Heidelberg, 2010. Springer-Verlag.

[SMGS15] Marijn F. Stollenga, Jonathan Masci, Faustino Gomez, and Juergen Schmidhuber. Deep networks with internal selective attention through feedback connections. NIPS, 2015. https://papers.nips.cc/paper/5276-deep-networks-with-internal-selective-attention-through-feedback-connections.pdf.

[Smo86] Paul Smolensky. Chapter 6: Information processing in dynamical systems: Foundations of harmony theory. In David E. Rumelhart and James L. McLelland, editors, Parallel Distributed Processing: Explorations in the Microstructure of Cognition, Volume 1: Foundations, volume 1, pages 194-281. MIT Press, 1986.

[SSB+15] Iulian Vlad Serban, Alessandro Sordoni, Yoshua Bengio, Aaron C. Courville, and Joelle Pineau. Hierarchical neural network generative models for movie dialogues. CoRR, abs/1507.04808, 2015.

[SSN+15] S. K. Sønderby, C. K. Sønderby, H. Nielsen et al. Convolutional

LSTM Networks for Subcellular Localization of Proteins. arXiv preprint arXiv, 1503.01919, 2015.

[SSS+15] Basu Saikat, Ganguly Sangram, Mukhopadhyay Supratik, DiBiano Robert, Karki Manohar, and Nemani Ramakrishna. Deepsat: A learning framework for satellite imagery. In Proceedings of the 23rd SIGSPATIAL International Conference on Advances in Geographic Information Systems, SIGSPATIAL'15, pages 37:1-37:10, New York, NY, USA, 2015. ACM.

[SsWF15] Sainbayar Sukhbaatar, arthur szlam, Jason Weston, and Rob Fergus. End-to-end memory networks. In C. Cortes, N. D. Lawrence, D. D. Lee, M. Sugiyama, and R. Garnett, editors, Advances in Neural Information Processing Systems 28, pages 2440-2448. Curran Associates, Inc., 2015.

[SVL14] Ilya Sutskever, Oriol Vinyals, and Quoc V. Le. Sequence to sequence learning with neural networks. In Proceedings of the 27th International Conference on Neural Information Processing Systems, NIPS'14, pages 3104-3112, Cambridge, MA, USA, 2014. MIT Press.

[SZ16] Falong Shen and Gang Zeng. Weighted residuals for very deep networks. CoRR, abs/1605.08831, 2016.

[ULVL16] Dmitry Ulyanov, Vadim Lebedev, Andrea Vedaldi, and Victor S. Lempitsky. Texture networks: Feed-forward synthesis of textures and stylized images. CoRR, abs/1603.03417, 2016.

[vdOKV+16] Aäron van den Oord, Nal Kalchbrenner, Oriol Vinyals, Lasse Espeholt, Alex Graves, and Koray Kavukcuoglu. Conditional image generation with pixelCNN decoders. CoRR, abs/1606.05328, 2016.

[VKFU15] Ivan Vendrov, Ryan Kiros, Sanja Fidler, and Raquel Urtasun. Order-embeddings of images and language. CoRR, abs/1511.06361, 2015.

[VLBM08] Pascal Vincent, Hugo Larochelle, Yoshua Bengio, and Pierre-Antoine Manzagol. Extracting and composing robust features with denoising autoencoders. In Proceedings of the 25th International Conference on Machine Learning, ICML'08, pages 1096-1103, New York, NY, USA, 2008. ACM.

[VTBE14] Oriol Vinyals, Alexander Toshev, Samy Bengio, and Dumitru Erhan. Show and tell: A neural image caption generator. CoRR, abs/1411.4555, 2014.

[VXD+14] Subhashini Venugopalan, Huijuan Xu, Jeff Donahue, Marcus Rohrbach, Raymond J. Mooney, and Kate Saenko. Translating videos to natural language using deep recurrent neural networks. CoRR, abs/1412.4729, 2014.

[Wes16] Jason Weston. Dialog-based language learning. CoRR, abs/1604.06045, 2016.

[WS98] M. Wiering and J. Schmidhuber. HQ-learning. Adaptive Behavior, 6(2):219-246, 1998.

[WWY15] Hao Wang, Naiyan Wang, and Dit-Yan Yeung. Collaborative deep learning for recommender systems. In Proceedings of the 21th ACM SIGKDD International Conference on Knowledge Discovery and Data Mining, KDD'15, pages 1235-1244, New York, NY, USA, 2015. ACM.

[WZFC14] Zhen Wang, Jianwen Zhang, Jianlin Feng, and Zheng Chen. Knowledge graph embedding by translating on hyperplanes. In Carla E. Brodley and Peter Stone, editors, AAAI, pages 1112-1119. AAAI Press, 2014.

[YAP13] Bengio Y, Courville A, and Vincent P. Representation learning: A review and new perspectives. pattern analysis and machine intelligence. IEEE Transactions, 35(8):1798-1828, 2013.

[YZP15] Kaisheng Yao, Geoffrey Zweig, and Baolin Peng. Attention with intention for a neural network conversation model. CoRR, abs/1510.08565, 2015.

[ZCLZ16] Shuangfei Zhai, Yu Cheng, Weining Lu, and Zhongfei Zhang. Deep structured energy based models for anomaly detection. In Proceedings of the 33rd International Conference on International Conference on Machine Learning-Volume 48, ICML'16, pages 1100-1109. JMLR.org, 2016.

[ZCSG16] Ke Zhang, Wei-Lun Chao, Fei Sha, and Kristen Grauman. Video Summarization with Long Short-Term Memory, pages 766-782. Springer International Publishing, Cham, 2016.

[ZKZ+15] Yukun Zhu, Ryan Kiros, Richard S. Zemel, Ruslan Salakhutdinov, Raquel Urtasun, Antonio Torralba, and Sanja Fidler. Aligning books and movies: Towards story-like visual explanations by watching movies and reading books. CoRR, abs/1506.06724, 2015.

[ZT15] J. Zhou, O. G. Troyanskaya. Predicting effects of noncoding variants with deep learning-based sequence model. Nature methods, 12(10):931-4, 2015.